U0079537

大樂文化

希望散戶、主管都能

懂財報超賺錢

50 張圖、**33** 個技巧，
解決你對**數字抓狂**的難題！

福岡雄吉郎◎著
井上和弘◎審訂　黃瓊仙◎譯

超解 決算書で面白いほど会社の数字がわかる本

目次

第3章 如何用綜合損益表，合法避稅、撐到春天？

第4章 如何透過資產負債表，一窺公司財力深度？ 121

第6章 挖出地雷公司及問題，你一定要看4個細節

推薦序

運用財報的數據，做出最佳的管理與投資決策

勤業眾信聯合會計師事務所　戴信維會計師

股票投資者希望從企業的財務報表中取得財務資訊，作為判斷買賣股票的參考。企業管理者則希望依據財務報表顯示的數據，做出改善公司營運與財務狀況的正確決策，增強競爭力。

然而，想透徹地瞭解財務報表，使用者一定要對報表的組成及項目的意義有基本認識。不同的使用者關心的項目不同，看懂財務報表，再利用特定分析方法，就能根據得到的數據做出最佳的管理與投資決策。

財務報表顯示特定時間或期間的財務狀況、財務績效，使用者需要使用報表之間相互連結的資料，找出有利決策的依據。例如：從綜合損益表看出企業產生淨利，而營運資金不足，這表示公司有淨利，卻有帳款未收。此時，應從資產負債表

中瞭解應收帳款的帳齡，進行籌資或融資，以補足營運所需的現金支出。

本書運用大量簡易的圖表，說明財務報表及組成項目，並以淺顯易懂的文字，讓讀者快速掌握閱讀財報的秘訣與觀念。例如：依公司營運三要素「人、物、錢」，來解析公司的生產力、收益性、融資力與安全性。只要利用資產負債表和綜合損益表，就能掌握公司的經營狀況。

內容也提到：公司要獲利，要降低進貨成本、削減無效的固定費用，並取得較低的借款利率、降低利息支出。經營公司一定要重視金流，如果現金不流通，公司將無法周轉，可能導致黑字倒閉。如果公司營業資產周轉率高，代表資產使用率佳，若平均利潤率也高，則公司獲利能力一定強。

作者建議：藉由客戶及供應商收付款的時間差，取得較多的現金。隨時檢視公司資產性質，將閒置資產變現，而保留盈餘，可能以應收帳款或存貨的形式出現。

本書以易懂的圖解及說明幫助讀者學習。我認為，閱讀財務報表時，要對財務報表具備一定程度的基本知識，並不斷學習，將有助於從財務報表快速獲取必要且有意義的資訊。

前言

活用圖解技巧，看透財務報表的真相

我至今閱覽過無數的財務報表。上一份工作是負責審閱上市公司的財務報表，是否依照規定製作。現在則是以中小企業為主要服務對象，指導他們從財務報表中找出讓公司產生盈餘的方法。

以會計師身分檢閱上市公司的財務報表時，確實需要學習許多專業知識。然而，學習這些專業知識是為了詳細審閱財務報表，並確認其正確性，而不是為了看懂公司的經營數字。

我現在主要幫助中小企業改善公司的財務體質，以及教導事業繼承的方法。要讓輔導的企業看懂財務報表，並且獲得他們的協助，**必須用簡單易懂的方式表現財務報表，讓對方覺得：「終於瞭解財務報表中每個數字的意義。」**

不管在哪個領域，真正精通的人才能夠用淺顯易懂的方式說明難題，而不夠理解知識的人才會使用許多艱澀的專有名詞。

因此，本書將遵循兩項重點，以淺顯易懂的方式說明財務報表內容。第一項重點：財務報表不是以列出的數字，而是以圖表來思考（第四章）。第二項重點：鎖定四個觀點解讀財務報表（第五章）。

未來，經營公司要優先思考資金、現金流量和利潤，比思考營業額更為重要。因此，閱讀財務報表時，一定要掌握金錢流向，利用財務報表思考「如何增加財富」。

為了讓財富增加，大家在閱讀綜合損益表時，通常只關心營業額與獲利，但其實關鍵在於資產負債表，因為資產負債表裡隱藏著大家沒察覺的「內部埋藏金」。希望大家透過淺顯易懂的方式解讀財務報表，挖掘出這份寶藏。

本書不僅適合初學者，也適合經營幹部與企業經營者閱讀。書中網羅了「不讓公司破產的財務報表檢閱方法」、「提升經營績效、讓金流順暢的方法」等各種秘訣。如果本書能讓更多人瞭解企業的經營數字，對我來說將是至高無比的榮幸。

（單位：百萬元）

科目	金額	
【營業收入】		30,000
期初存貨額	1,300	
商品進貨額	6,000	
本期製成品成本	13,000	
期末存貨額	2,300	
【營業成本】		18,000
（1）營業毛利		12,000
【營業費用】		8,000
（2）營業利益		4,000
利息收入	3	
股息收入	10	
不動產租金	350	
其他收入	97	
【營業外收入】		460
利息支出	100	
有價證券損失	310	
匯差損	550	
其他支出	500	
【營業外費用】		1,460
（3）經常利益※		3,000
處分投資的有價證券收益	300	
【非常利益】		300
災害損失	500	
處分固定資產損失	700	
訴訟相關損失	100	
【非常損失】		1,300
（4）稅前淨利		2,000
【所得稅費用】		600
（5）本期淨利		1,400

只有製造業才有的科目

※經常利益為日本會計科目中的一項，指營業利益（或損失）加上營業外利益（或損失）後的餘額，但尚未扣除所得稅等相關稅金。

〔圖解一〕

從綜合損益表看出「企業經營成績單」

審閱公司業績時，「收益」比營業收入重要

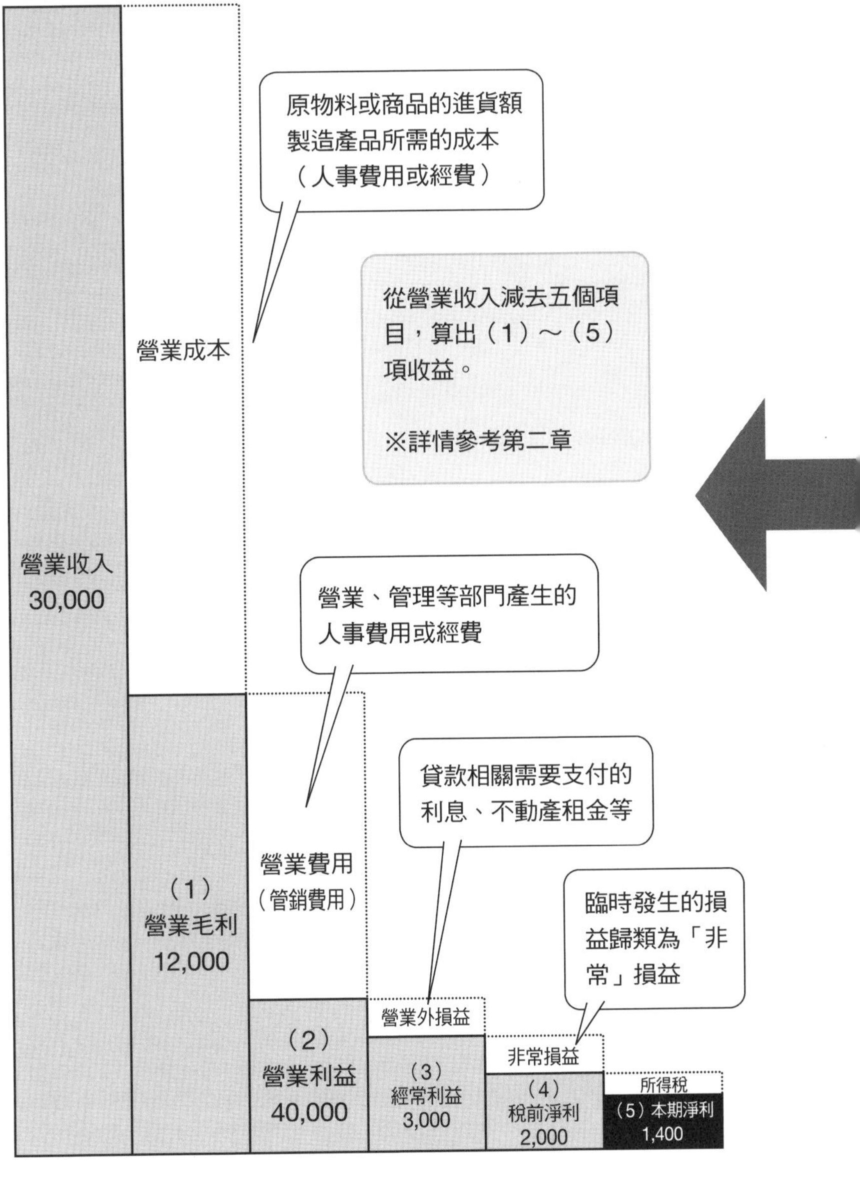

（單位：百萬元）

科目	金額	科目	金額
資產部分		負債部分	
流動資產	**11,300**	**流動負債**	**8,400**
現金及約當現金	1,800	應付票據	900
應收票據	1,800	應付帳款	1,800
應收帳款	4,200	短期借款	4,000
原物料	600	應付費用	700
半成品	400	應付款	250
商品及製成品	2,300	遞延所得稅負債	500
預付款	50	預收款項	50
預付費用	150	獎賞準備金	200
墊付款	30		
其他	20	**固定負債**	**6,600**
備抵呆帳	△ 50	長期借款	5,400
固定資產	**8,700**	勞工退休準備金	700
有形固定資產	**7,200**	長期未付款	300
建築物	1,400	其他	200
建築物附屬設備	300	**負債合計**	**15,000**
結構體	300		
機械設備	400		
運輸設備	50	淨資產部分	
生財器具	50	**股東權益**	**4,900**
土地	5,200	股本	200
累計折舊	△ 500	資本公積	20
無形固定資產	**100**	資本準備金	20
租地權	20	保留盈餘	4.780
電腦軟體	70	法定盈餘公積	180
其他	10	未分配盈餘	4,600
投資等其他資產	**1,400**	特種用途公積金	700
有價證券	700	轉存盈餘	3,900
關係企業股票	150	庫藏股票	△ 100
長期貸款	250	**未實現資產重估價值**	**100**
押金及保證金	250	其他有價證券重估價值	100
其他	50	**資產淨值合計**	**5,000**
資產合計	**20,000**	**負債　資產淨值合計**	**20,000**

〔圖解二〕

透過資產負債表檢視公司的「財力」

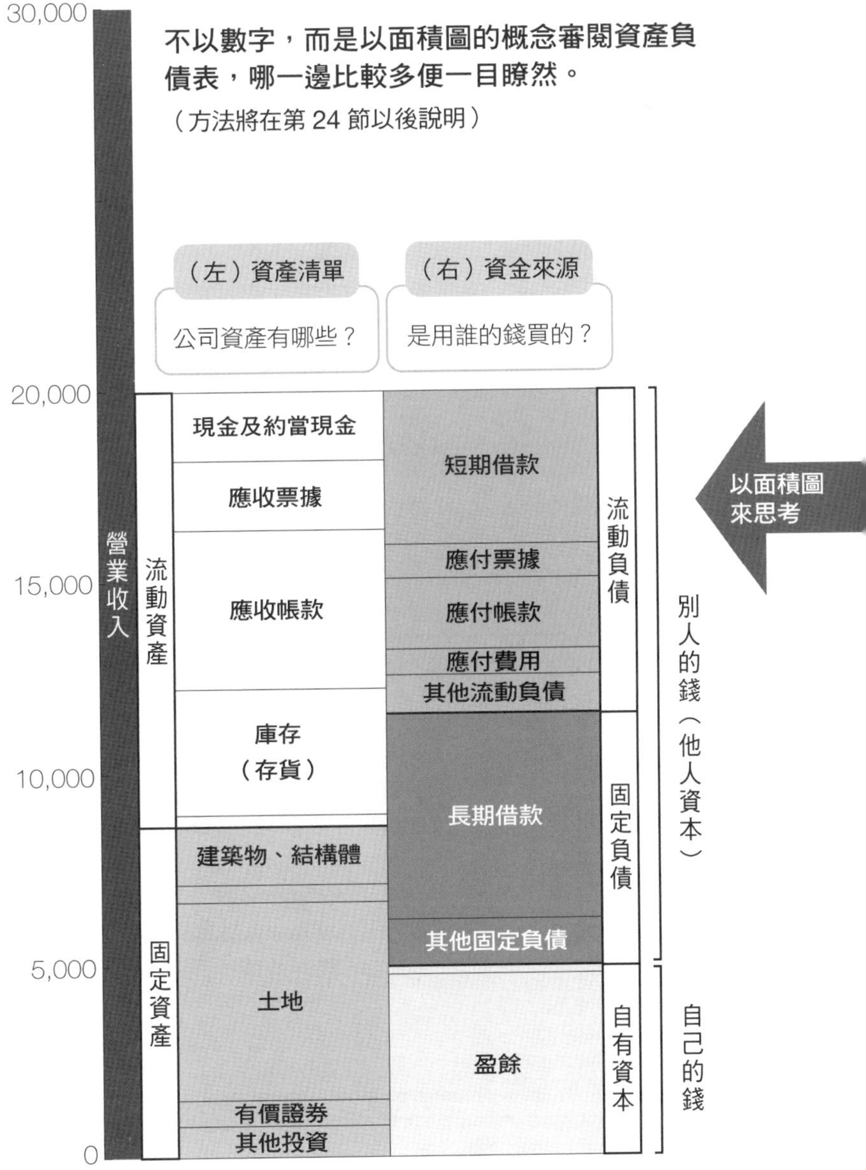

不以數字，而是以面積圖的概念審閱資產負債表，哪一邊比較多便一目瞭然。
（方法將在第 24 節以後說明）
（左）資產清單
公司資產有哪些？
（右）資金來源
是用誰的錢買的？

以面積圖來思考

P14 的資產負債表要點

（單位：百萬元）

資產部分		負債及資產淨值部分	
流動資產	11,300	流動負債	8,400
固定資產	8,700	固定負債	6,600
		負債合計	15,000
		股東權益	
		股本	200
		資本公積	20
		保留盈餘	**4,780**
		庫藏股票	△ 100
		未實現資產重估價值	100
		淨資產合計	5,000
資產合計	20,000	負債、淨資產合計	20,000

綜合損益表的「本期淨利」會累積為資產負債表的「保留盈餘」

資產負債表是○月×日時間點的公司財務狀況一覽表

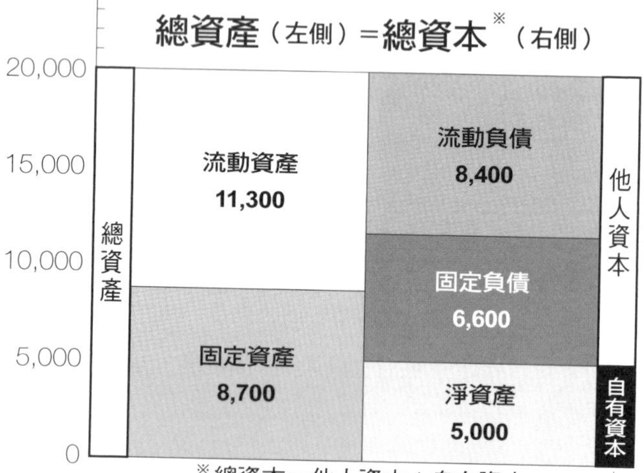

※總資本＝他人資本＋自有資本

〔圖解三〕

看懂綜合損益表與資產負債表的關聯

P12 的綜合損益表要點 （單位：百萬元）

科目	金額
營業收入	30,000
營業成本	18,000
（1）營業毛利	12,000
營業費用	8,000
（2）營業利益	4,000
營業外收入	460
營業外費用	1,460
（3）經常利益	3,000
非常利益	300
非常損失	1,300
（4）稅前淨利	2,000
所得稅費用	600
（5）本期淨利	1,400

綜合損益表是一整年的業績成績單

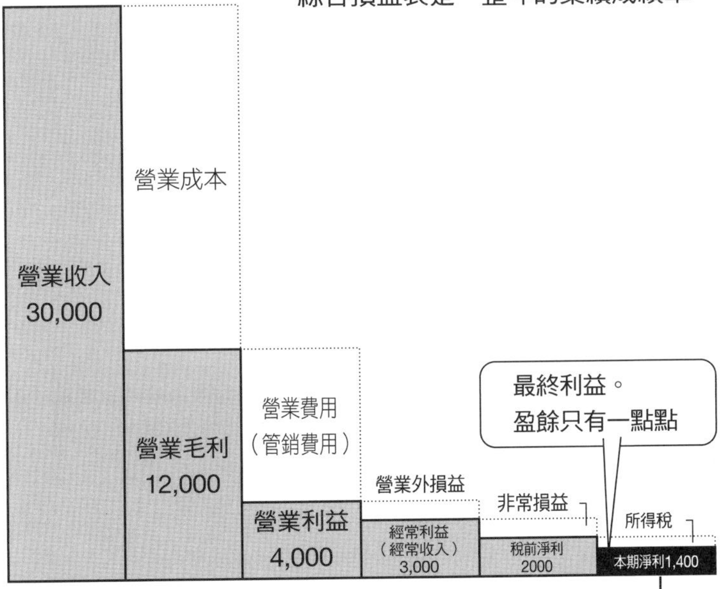

檢視資產負債表的自有資本（淨資產）部分，就知道公司到目前為止賺多少錢。自有資本的規模是評斷公司是否強大的指標。

▶人、物、錢是經營公司的根本，所以要依據人、物、錢的觀點來解讀公司數字。

第1章

解讀公司經營數字，掌握4個重點就足夠！

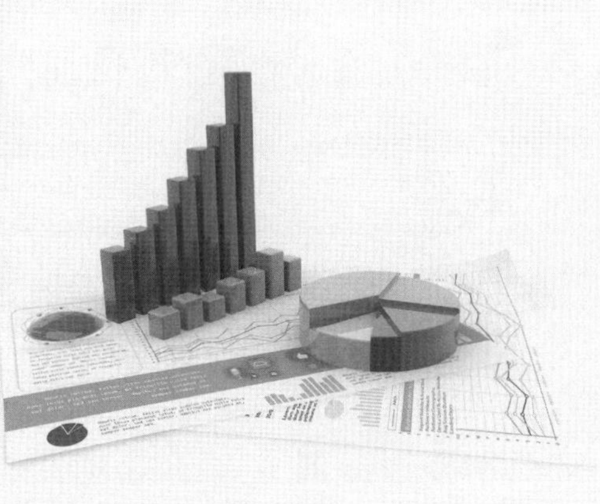

1 評斷公司優劣千萬別看金額，而是以「比例」來思考

■報紙、會議、客戶調查報告等，都看得到數字的身影

商務人士註定與公司各項數字結下不解之緣，當攤開報紙時，常會看到「A公司經常利益增加二〇%」、「B公司淨利最高一百億元」、「C公司最終負債五億元」這樣的小標題。

在經營會議上也常聽到：「營業收入比去年多一一〇%，毛利是一〇三%，經常利益是九八%……。」

翻開由帝國數據銀行等機構提供的客戶調查報告時，會發現其中記載著：「資本四十萬元」、「營業淨利五億元」、「自有資本率三五%」、「申報所得

二十五億元」等資料。

股票投資人閱讀《公司四季報》時，會看到「ROA（總資產報酬率）八%」、「ROE（股東權益報酬率）一五%」、「折舊成本九億元」、「現金流量（CF）一百億元」等各種數字。

■避免誤會或迷思，你應該用數字思考

當你說「那家公司有信用，可以信賴」時，是依據什麼而認定呢？有人會回答：「常看到那家公司的廣

▶商務人士無法不在意公司的數字

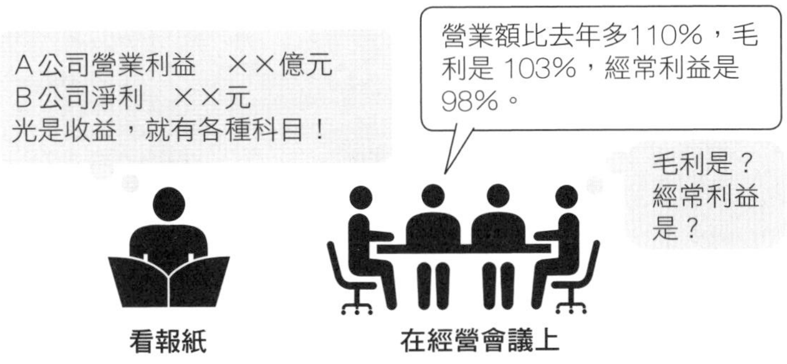
A公司營業利益　××億元
B公司淨利　××元
光是收益，就有各種科目！
營業額比去年多110%，毛利是 103%，經常利益是98%。
毛利是？經常利益是？
看報紙
在經營會議上

對商務人士而言，
公司的數字是共同語言。

告」、「創業一百年，是歷史悠久的公司」、「最近股票上市了」。雖然每個人的答案不同，但是我們大多都是憑印象認為「那家公司沒問題」。

不過，這樣的印象不見得永遠準確，知名企業也會破產或面臨經營危機。在一九九〇年代，大家原本認為絕不會倒閉的都市銀行（譯注：日本的一般銀行中，將總部設於東京、大阪等大都市，廣域推行業務的銀行）或證券公司，也相繼倒閉。

現在這樣的情況依然發生，「那家公司竟然……」的標題也常出現在報紙版面，所以憑印象來判斷是非常危險的。要避免誤會或迷思，務必依據數字來思考與判斷。

擺脫不了的誤會或迷思

當有人告訴我們：「要判斷公司的好壞，應該以數字來評估」，我們總是習慣根據公司的「規模」判斷。如果是「營業額×兆元的公司」、「員工×萬人」，大家幾乎都會覺得：「這是一家大公司，可以安心投資。」

我因為工作的緣故，常與中小企業往來。提到中小企業，多數人都認為它們倒閉風險高，很危險。然而，這也是一種迷思，其實中小企業當中有許多優質公司。

■不只看公司規模！別看金額而是以「比例」思考

我曾負責審查上市公司的財務報表，這樣的工作經驗讓我深刻體會到，公司的好壞與規模（營業額或員工人數）毫無關係。

只從金額來看規模，容易做出錯誤判斷。舉例來說，你聽到「那個人身高兩百公分」時，會對這個人產生什麼印象呢？你的腦中或許會浮現像籃球選手那樣高挑的體型。

然而，若告訴你這個人的體重是一百五十公斤，你會有什麼樣的想像？若告訴你這個人的體重是八十公斤，你的想像會有什麼不同呢？兩百公分只是一個數字，無法光憑這個數字判斷出正確體型。

關於人的體型，有個名為BMI（身高體重指數）的測量指標，是以體重除以身高（公尺）的平方，來檢測比例。在判斷公司的好壞時，也一樣應該依據比例。

因此，希望各位在審視公司數字時，能夠將這句話謹記在心：**「評斷一家公司的好壞不應以規模或金額，而要以比例。」**

▶只以數字判斷規模，會有灰色地帶

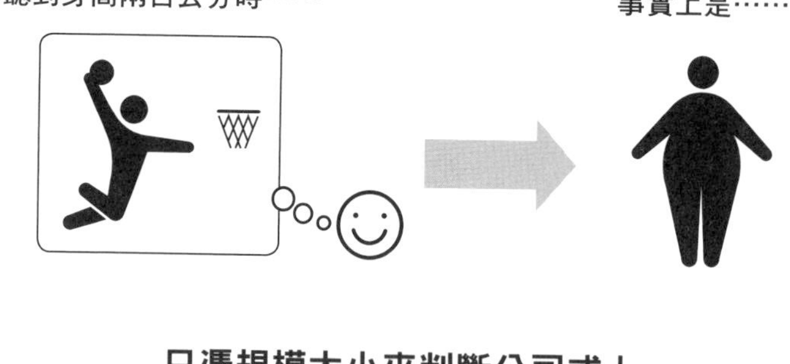

只憑規模大小來判斷公司或人，是非常危險的。

2 檢視財報先抓4重點，輕鬆看懂公司經營的真相

■重點一　收益性：公司有賺錢嗎？

本書的主題是看懂公司的經營數字。在你看懂這些數字後，就可以判斷一家公司是否優良。

第一個審視重點是「公司有賺錢嗎？」。經常聽到有人說：「不曉得該觀察哪部分，才能知道一家公司是否賺錢。」有人認為營業額越多，就表示有賺錢，但其實不然。詳情於第二十六節說明。

■重點二　安全性：會不會倒閉？

第二個重點是「公司會不會倒閉？」也可以想成：「那家公司似乎有可能會倒閉。」

公司一旦倒閉，提供商品或服務給該公司的其他公司、銀行等債權人將無法拿回錢。對於股票投資人而言，投入的資金全部化為泡沫。

因此，洞察客戶是否會倒閉，是非常重要的能力。我再次提醒各位，認為「大公司不可能會倒」是非常危險的。詳情於第二十七節說明。

▶收益性具體來說是指什麼？

營業額並非獲利的指標。

重點三　融資力：有償債能力嗎？

幾乎所有的公司都要向銀行借錢，有的是為了蓋工廠或添購設備，有的則是為了下個月的應付款項。因此，公司經常面臨償債的壓力。

償債能力其實等於賺錢能力。如果能透過財務報表判斷公司的償債能力，就可以降低投資失敗的風險，詳情於第二十八節說明。

▶安全性、融資力具體來說是指什麼？

那家公司好像很危險。
員工少，
建築物又老舊～
安全性
融資力

光憑外觀無法判斷危險程度。

■重點四　生產力：員工是否努力幫公司賺錢？

最近，人口（勞動力）不足的問題逐漸惡化，常聽到有人呼籲「要提升生產力」。

生產力是指「員工有效率地工作，以少數的人力賺到高額的收益」。在未來，生產力會是越來越重要的指標。

其實，員工不一定會知道：「我們公司的生產力是不是很差？」即使他們覺得：「我們工作很有效率」，但不看數字就無法知道真實情況。詳情於第二十九節說明。

容我重複一次，審查財務報表的重點不是金額，而是比例。

▶生產力具體來說是指什麼？

想要提升生產力，不能仰賴個人。

▶公司經營三要素的四項觀察重點

三要素	物	錢		人
也可以說是	**收益性**	**安全性**	**融資力**	**生產力**
詳細解釋	有效使用有限資源的賺錢能力	不景氣時也不會倒閉的生存能力	能夠創造出可用資金的償債能力	重要時刻，讓既有員工有效率工作的經營能力
常見的迷思 ⬇ 其實是…	「若營業額高，就代表有賺錢吧！」 ⬇ **營業額與獲利是兩回事**	「公司規模越大，越不會倒閉！」 ⬇ **知名企業也會倒閉**	「若帳上是黑字（獲利），可用資金應該會變多！」 ⬇ **如同「黑字倒閉」這句話，即使有獲利的公司也可能倒閉**	「只要訓練員工，就能提升生產力！」 ⬇ **IT、程式系統、機器人將會取代人力**
應該注意	不持有無用的資產	不做無謂的借貸	手邊保有現金最重要	洞悉未來進行投資
相關章節	第 26 節	第 27 節	第 28 節	第 29 節

公司數字也能依據「人、物、錢」三要素來解析。

3 判斷公司好壞不能光看數字，要學會解讀的方法

■那家公司是不是優良企業？答案就在財務報表！

除了前面介紹的四項重點，想判斷一家公司是優良還是不良企業，一定要看財務報表才能知道答案。財務報表上列出的各種數字，隱藏著判斷公司好壞的竅門。

不過，只是單純注視著財務報表上的數字，答案也不會浮現。因此，你需要學會解讀財務報表的訣竅。

各位如果去書店，會看到架上陳列各種教你解讀財務報表的書籍。有的會詳細說明財務報表的用語，有的則是列舉各種分析經營狀況的指標，並詳加解釋。

然而，最重要的是如何使用財務報表來判斷一家公司的好壞。**會看財務報表不**

是目的，而是判斷的手段。

如果各位能掌握前述的四項重點，就能夠判斷一家公司是好是壞。也就是說，想解讀公司數字，並不需要百分百看懂財務報表。

■ 無法馬上看懂財務報表，是理所當然的

為什麼很多人都怕看財務報表呢？答案很簡單：因為不習慣。要看懂財務報表必須接受許多訓練。可是，高中或大學課程中都沒有提供這項訓練。

▶把財務報表想成是「公司的健檢報告」

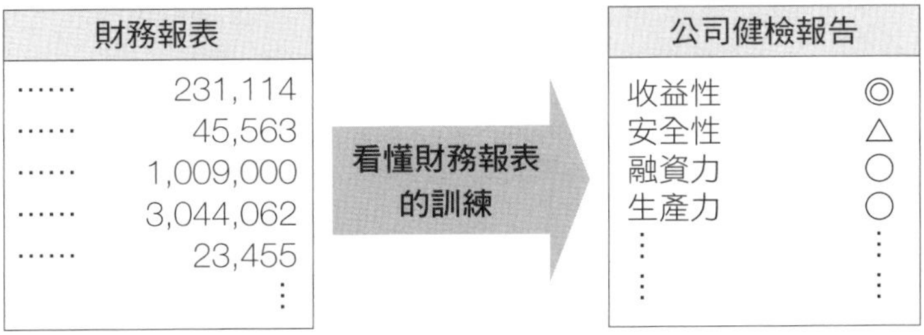

要診斷公司的好壞，只需要用部分的財務報表數字。

高中的商業科或大學的商學院或許會學習簿記，但簿記學的是記錄轉帳傳票的方法，並不是閱讀財務報表的方法。

財務報表可說是一張張轉帳傳票的總計。如果把轉帳傳票比喻為樹，財務報表就是一座森林。即使能夠看透每棵樹，也無法看透整座森林。

■財務報表的製作與解讀是兩回事

當然，具備簿記證照會比較吃香，但不代表不會簿記就看不懂財務

▶製作財務報表，必須先學會簿記

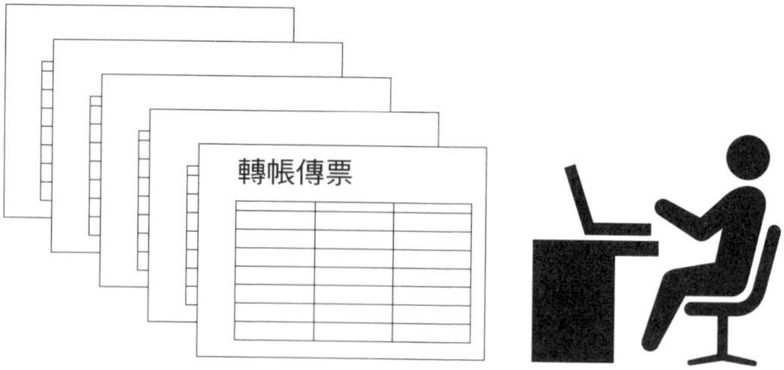

簿記是把每筆交易記錄於傳票的方法。

報表。不論在哪個領域，對該領域的知識不夠熟悉的人，有時反而能找出不錯的新觀點，這也適用在財務報表。

和我一樣擁有會計證照的人，或是其他會計專業人士，一定要具備財務報表的相關知識。然而，因為受限於專門知識，總會以更艱深的角度來看待事情。

如果想得太艱澀，反而難以解讀財務報表。

▶看懂財務報表與製作財務報表是兩回事

即使不會製作財務報表，也能看懂它。

■經營者也不擅長解讀財務報表

各位認為有幾成的公司經營者看得懂財務報表？或許你會覺得：「既然是經營者，應該全都看得懂財務報表才對吧！」然而，我敢告訴各位，看得懂財務報表的經營者不到兩成。

前述的四項重點要從財務報表的何處判斷呢？即便是經營者，能馬上說出答案的人應該也是鳳毛麟角。許多經營者認為：「營業額增加就代表有賺錢」、「資產（公司的財產）當然越多越好」，即使常將「金流」掛嘴邊，但只有少數人真正瞭解箇中意思。

其實，就連經營者也很怕看財務報表。

4 想迅速解讀財報，祕訣是不拘泥名詞、只看千位數

■財務報表中重要的只有兩項

各位在看財務報表時，最重要的是不貪心。不必要求自己百分之百看懂，只要能做到六十分及格就夠了。財務報表當中，最重要的是以下兩項：

- 綜合損益表（P／L）。
- 資產負債表（B／S）。

除了這兩項以外，還有其他各種報表，第六章將說明其中一部分。不過，這些

報表的重要性不高，**財務報表中最重要的，就是這兩種報表。**

在台灣，也有人將綜合損益表稱為「利潤表」，資產負債表則稱為「財務狀況表」。或許從字面上，這樣的名稱能夠讓大家更容易瞭解。

■ 先別急著記住名詞的意思

大家在看財務報表時會覺得有壓力，是因為出現許多相似、艱澀又難懂的名詞，才看一眼資產負債表左上方的內容，就忍不住嘆氣。

應收帳款、應收票據、存貨，全

▶只要掌握這兩項報表，就能看懂財務報表

資產負債表

資產	負債・淨資產
流動資產	流動負債
	固定負債
固定資產	淨資產（自有資本）

綜合損益表

營業收入
營業毛利
營業利益
經常利益
稅前淨利
本期淨利

資產負債表用來表示財務狀況，
綜合損益表則是經營的成績單。

是沒聽過的名詞，而預付款、暫付款、墊付款、未收款，又有什麼不同？

再看到綜合損益表，出現好幾個××收入之類的名詞。還有〇〇費、△△損失、××淨利，都是艱澀難懂的用字。

將這兩份財務報表併在一起，會有一百多個名詞，實在讓人看了頭昏眼花。因此，建議先把記住名詞意思的事擺一邊，不要去想這件事。

▶以個人的形式來看財務報表會比較容易理解

	個人	公司		
財產借款一覽表	活期存款 存摺	資產負債表 B／S （Balance Sheet）	在結算日當天，將公司持有的財產及借款明細化	〇月〇日的時間點 **瞬間**
成績單	薪資 明細表	綜合損益表 P／L （Profit and Loss statement）	於每個結算日製作的報表，相當於公司一整年的成績單	〇月〇日～ 〇月〇日 **一定期間**

資產負債表和綜合損益表表示的「時間點」不一樣。

財務報表不需要細讀至一元

每家公司的財務報表計算單位不盡相同，有的是以元、有的是以千元，還有的則以百萬元為單位。大家或許覺得，以萬元或億元為單位劃分比較容易看懂，不過財務報表的原則是以三位數為區分，因此請各位讀者讓自己習慣這個原則。

有些財務報表的數字位數相當多，但數字越多，只會讓人越混亂。如果出席經營會議，看到七至八位數的數字是理所當然的，但光看那些數字就覺得累，讓人無法集中精神討論。

因此，**數字基本上只需看「前面數來的三位數」就足夠**。位數太多，請把後面的三位數或六位數剔除，不需要看到以元為單位。會計才需要精細到以元為單位計算。

▶看財務報表時，「懂得捨棄」是訣竅！

【資產負債表】

科目	金額	科目	金額
流動資產		流動負債	
現金與約當現金	32 145	應付帳款	552 553
應收票據	947 584	應付票據	302 202
應收帳款	1,000 584	短期借款	1,100 000
商品	344 591	應付費用	55 003
預付款	54 330	應付款	42 333
預付費用	12 330	預收款項	21 008
墊付款	53 439	暫收款	4 558

【綜合損益表】

科目	金額
促銷費	36 283,208
廣告宣傳費	12 221,009
運輸費	107 344,402
保險費	4 136,005
修繕費	9 978,000
折舊成本	50 881,453
通信費	4 749,440
消耗品費	4 994,251
交際費	3 657,091
旅費交通費	899,229
支付手續費	12 200,090
會議費	172,842
圖書費	167,842

①一開始就勉強自己記住每個名詞的意思，容易產生挫折感。

②金額的計算單位不需細到以元為單位！以元為單位閱讀是會計的工作。

看財務報表不是要觀察「樹」（細節），
而是要俯瞰整座「森林」（整體）。

5 將綜合損益表與資產負債表化為「面積圖」，更加一目瞭然

透過綜合損益表清楚掌握公司業績

綜合損益表等於是「企業的經營成績單」，記載下列訊息：

- 一整年的營業額（年營業額）是多少？
- 進貨的費用是多少？
- 要支付所有員工多少的薪水？

從這份報表的結果，可以看出該公司一整年的獲利狀況。綜合損益表列出的項

目，很容易從字面聯想其中涵義。

雖然經常強調「收益」，但是收益的項目不是只有一個，到底是指什麼收益呢？（詳情請參考第二章）

■資產負債表看清公司財產及借款

接下來的關鍵在於資產負債表（B／S）。資產負債表分為左側項目與右側項目，左側項目記錄公司財產（會計中稱為「資產」），右側項目則記錄購入資產的金錢調度方式（會計中稱為「資本」）。**想購買資產，需要與資產同等價值的資本。換句話說，左側與右側的金額必須一致。**

▶能透過財務報表得到的訊息

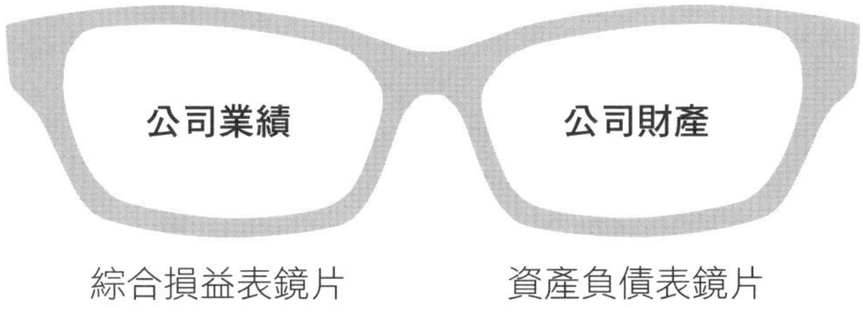

有了這兩個鏡片，就能清楚掌握公司狀況。

在財務報表的領域中，稱左側為「借方」，右側為「貸方」，即使忘記這個名詞也沒關係，因為對照「借」方與「貸」方時，是一致、平衡的，所以在日本又稱為「借貸對照表」。

此外，閱讀資產負債表，除了能瞭解公司財產有多少，同時也會知道公司向銀行借了多少錢。大家都相當重視綜合損益表，然而**資產負債表才是真正重要的**。詳情於第四章介紹。

把艱澀難懂的資產負債表化為面積圖

審閱財務報表的重點是先看整體。這時可能會有人說：「你說要先看整體，但是不管怎麼看，全部都是數字。到底該怎麼看才好呢？」其實**觀看整體時，不是光看數字，而要化為圖表來閱讀**。只看前三位數的數字，就會更清晰明瞭。

不過，畢竟報表是由數字組成，還是不容易看懂。因此，將財務報表中最難看懂的資產負債表，轉換為下頁的面積圖，應該就能豁然開朗，輕鬆看懂了。

▶將資產負債表想成面積圖，就能看見數字背後代表的涵義

簡易資產負債表範例

資產部分	金額	負債部分	金額
現金存款	1,000,000	應付帳款	2,000,000
應收帳款	2,000,000	其他	1,000,000
商品	1,000,000	長期借款	5,000,000
土地	5,000,000	股本	1,000,000
投資	1,000,000	保留盈餘	1,000,000
資產部分	10,000,000	負債、淨資產部分	10,000,000

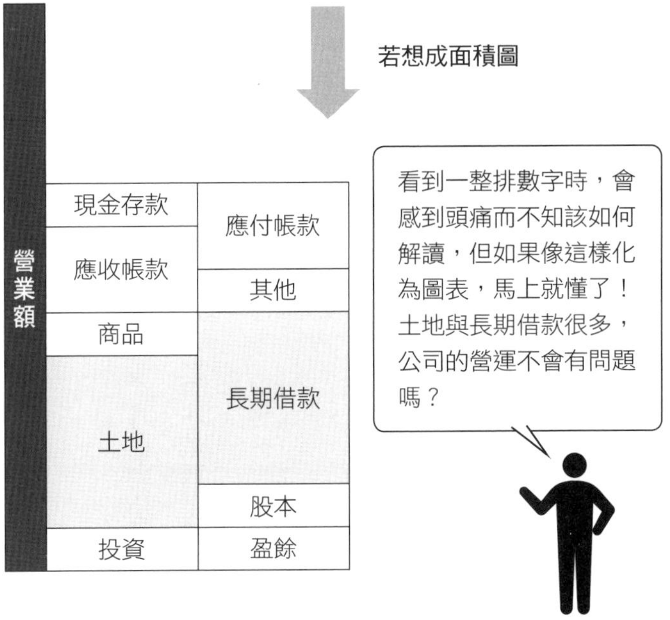
若想成面積圖
營業額
現金存款
應收帳款
商品
土地
投資
應付帳款
其他
長期借款
股本
盈餘
看到一整排數字時，會感到頭痛而不知該如何解讀，但如果像這樣化為圖表，馬上就懂了！土地與長期借款很多，公司的營運不會有問題嗎？

若想成圖表，「哪項多、哪項少」一目瞭然。

專欄 1 懂得修飾財務報表，公司評價就會提升

當我們判斷一家公司好壞與否，其實就跟判斷一個人美醜一樣，外在印象佔了九成。一家公司的外表，指的當然就是財務報表。換句話說，只要好好修飾財務報表，公司評比就會提升。

財務報表相當於公司的健檢報告書。應該有讀者會為了讓健檢報告的數字看起來好一些，而在健檢前夕特別努力保養身體。其實公司也一樣，在公開財務報表前會做許多努力。

讓公司瘦身的方法

- 結算日前夕的採買量要降低，減少存貨（小心不要吃太飽）
- 償還不必要的借款（現金存款也會變少） 191 頁

讓公司看起來充滿活力的方法

- 讓財務報表的營業利益、經常利益的數字增加 083 頁

只要花點心思整修外表（財務報表），公司評比確實會提升。

在健檢日，也就是結算日前夕，公司還有許多事可以做。在這段時間好好努力，直到結算日來臨為止，再接受診斷，也就是製作財務報表，便可以提升公司的評比。

雖然是同一個人，只要他刮鬍子、整理原本雜亂的髮型，再穿上整齊乾淨的衣服，給人的印象絕對是一百八十度大轉變。即使只是些許努力，也能夠讓評價大為提升。

修飾財務報表，不需要改變內容，只需要改變外表。當外表變了，周遭的態度也會改變。請努力雕塑你的公司，讓它看起來活力無限。

重點整理

- ☑ 評斷一家公司的好壞不應以規模或金額，而要以比例。
- ☑ 公司數字也能依據「人、物、錢」三要素來解析。
- ☑ 會看財務報表不是目的，而是一種判斷手段。要診斷公司的好壞，只需要用到部分的財報數字。
- ☑ 財務報表當中，最重要的是綜合損益表（P／L）和資產負債表（B／S）。
- ☑ 把資產負債表想成面積圖，就能看見數字背後代表的涵義。

編輯部整理

NOTE

/ / /

▶在需求與消費量縮小、供給與競爭對手增多的世界，你該重視的不是營業收入，而是收益。

第2章

如何從綜合損益表，分析公司業績的內涵？

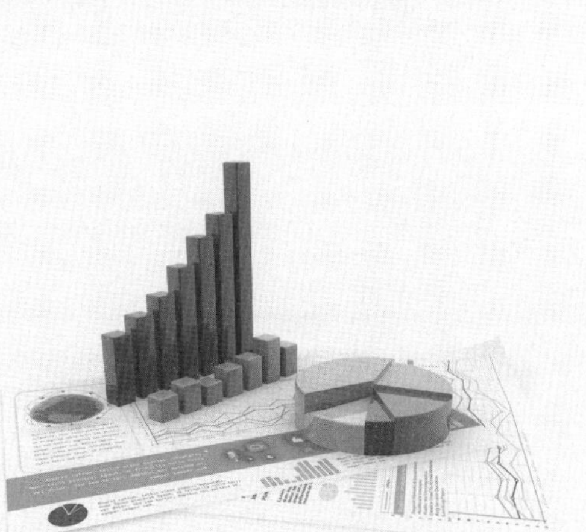

6 綜合損益表的重點，不是營收而是淨利

收益以一年為單位計算

綜合損益表（B／L）好比是企業的經營成績單，不論是哪個產業，公司都必須製作綜合損益表。學校的成績單上，分為甲乙丙丁戊五個等級，而企業經營則是以「收益」來評比。收益也可說是「賺錢」的意思。

比方說，你去市場花費十元買青菜，然後賣給鄰居二十元，中間賺了十元，收益是黑字。相反地，如果只以五元賣給鄰居，相減之後會產生五元的赤字。收益越多，就越會被評比為「經營優良」。

收益比營業額重要

「營業額越高越好」、「只要營業額增加，收益也會跟著增加」，是否真是如此呢？

想提高營業額，你可以用各種對策，例如：將商品便宜賣、增設新店舖、加強宣傳、增加庫存等。

這些對策或許能讓營業額增加。但是，當你壓低售價，每件商品的收益就會跟著減少，而人事費用與店租卻相對增加，可能累積大量庫存，因此不見得能讓收益增加。

即使收入變多，要是花的錢比賺得多，就不會有收益。不論多麼努力增加營業額，如果沒有盈餘，公司將無法繼續經營下去。

▶收益的基本算式

賺的錢 － 為了賺錢所花費的支出 ＝ 收益（獲利）

「賺的錢要比支出多」是理所當然的道理，也是經營的基本原則。

■損益依「何時」、「何地」發生，分為五大類

綜合損益表除了記載營業額之外，還記載五大項目來計算收益。這五大項目將於下頁詳細說明。在此之前，請記住以下五個重點：

1. 營業成本：販售商品或製成品的成本。
2. 營業費用：商品上市販售、或管理公司所需的費用。
3. 營業外損益：非營業活動產生的收益或費用。

▶掌握綜合損益表的五大項目 1

項目		說明
(−)	營業成本	帶來營業收入的商品、製成品、服務之成本
(−)	營業費用	為了創造營業收入所進行的活動，或事務部門的費用
(±)	營業外損益	除了營業成本、營業費用之外，每年產生的收益或費用
(±)	非常損益	非每期產生的高額利益或損失
(−)	所得稅	最終收益應繳的稅金

營業額與以上五項加減後計算收益。

▶掌握綜合損益表所記載的五大項目 2

項目		代表案例
營業成本		**・零售業、批發業** 賣給一般消費者或零售店的商品進貨費用 **・製造業、建築業、外食產業** 製造（建設）所需的原物料費、人事費用、工廠的折舊費用、外包費 **・服務業** 提供服務的現場人事費 **・不動產業** 取得已銷售不動產的費用、折舊成本
營業費用		・廣告宣傳或促銷等銷售行為所需的費用 ・接待客戶等所需的交際費、會議費用 ・董監事、營業部門或管理部門的人事費 ・總公司或事務所等的租金、折舊成本
營業外損益	營業外收入	・從出資標的、投資標的獲得的股息
	營業外費用	・因貸款支付給銀行的利息
非常損益	非常利益	・處分固定資產等的獲利
	非常損失	・處分固定資產等的損失 ・災害引起的損失等
所得稅		繳給稅務機構的稅金

收入、利益：收益增加　　成本、費用、損失：收益減少

任何產業的綜合損益表都一定記載這五個項目。

4. 非常損益：臨時產生的利益或損失。

5. 所得稅：向稅務機構申報的稅金。

不需要在意「收入」、「利益」，或是「成本」、「費用」、「損失」這些名詞在字面上的差異，只要知道收益是正數或負數即可。

7 散戶、管理者……看綜合損益表，重點各有不同

■公司的往來對象不是只有客戶

一家公司會跟五種不同的關係人往來，包含客戶、銀行、信用評比機構、稅務機構，以及投資人。這五種關係人各自有不同的想法：

客戶：「我的交易價格是高還是低？」

銀行：「這家公司的本業有賺錢嗎？還得起借款嗎？」

信用評比公司：「這家公司實力如何？能夠穩健獲利嗎？」

稅務機構：「有沒有逃漏稅呢？」

投資人：「這家公司有賺錢嗎？會分股息吧？」

因此，人們會從各個角度，來監督和審查一家公司。

■銀行和投資人關心的收益項目不相同

這五種關係人所關心的事情，就是綜合損益表記載的五個收益項目。

營業收入減掉營業成本後，可看

▶與公司往來的關係人與關心的事

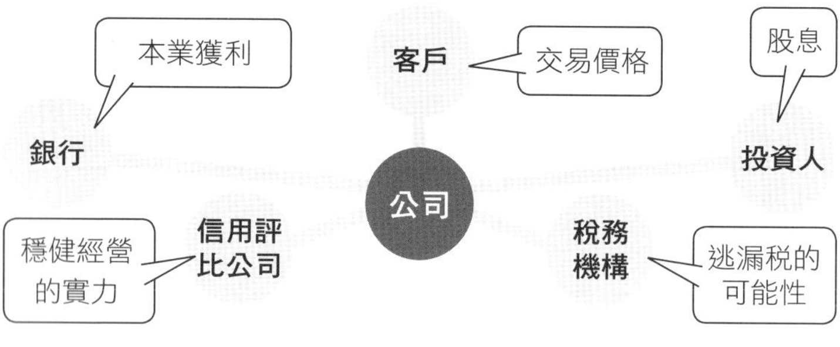

五位公司往來相關人士各有盤算，關心的事也各不相同。

出「交易價格是高或低？」（**營業毛利＝毛利①**）。再減掉營業費用後，就能知道「本業賺了多少錢？」（**營業淨利②**）。

接著，與營業外損益相加減後，可看出「每年的穩定收益是多少？」（**經常收益③**）。再與非常損益的金額相加減後，就是**稅前淨利④**。最後，再根據稅前淨利，計算要繳交的稅金。減掉所得稅，算出**本期淨利⑤**後，才會用這項數字計算分配給股東的股息。

銀行關心的是營業淨利，稅務機構在意的是稅前淨利，投資人則是關注本期淨利，每個人關心的收益項目皆不相同。

商品品質、管理能力、財力等，每項收益都代表公司的能力

營業毛利或毛利也可說是商品品質或服務能力。訂價高卻能夠暢銷，表示商品的品質或服務非常優秀。如果品質相同，加上附加價值後，能讓利潤幅度增加，也算是一種商品品質。

如果營業或管理部門的人事費用高、交際費多等原因，導致無法妥善管理經費，營業淨利就會減少。一旦財力降低，要支付給銀行的利息增加，就可能不會留下太多經常利益。

在稅前淨利沒有增加的情況下，如何讓營業淨利或經常利益變多，則考驗著公司的會計能力。最後，本期淨利是以上這些項目展現的總實力。雖然都稱為收益，思考每一項收益的意義為何才是重點。

▶從其他角度審視綜合損益表的「收益」項目

科目		金額		
【營業收入】			1,000	
期初存貨		50		
商品進貨		650		
期末存貨		100		
【營業成本】			600	
客戶 ① 營業毛利	交易價格		400	商品品質
【營業費用】			300	
銀行 ② 營業利益	本業獲利		100	管理能力
利息收入		1		
雜項收入		9		
【營業外收入】			10	
貼現利息支出		20		
雜項支出		10		
【營業外費用】			30	
信用評比機構 ③ 經常利益	穩定的經營實力		80	財力
處分固定資產收益		1		
【非常利益】			1	
處分固定資產損失		6		
【非常損失】			6	
稅務機構 ④ 稅前淨利	稅金承擔實力		75	會計能力
【所得稅等】			20	
投資人 ⑤ 本期淨利	配息的資金		55	綜合實力

立場不同，關心的收益項目也不一樣。

8 想創造淨利，首先你要懂得如何控制成本

成本管理是創造所有收益的基礎

營業毛利是所有收益的原點。如果無法確保營業毛利，也無法保住其他收益項目。換句話說，成本管理是很重要的一環。

以下三項是與成本計算有關的科目：

- 商品或原物料的進貨費（服務業無此項）。
- 作業現場、工廠產生的費用（只限製造業）。
- 存貨金額。

利用這三個項目來計算營業成本。

■作業現場或工廠產生的費用都是成本

製造業的成本不是只有進貨成本。製造業是由作業現場的員工進貨原物料，操作工廠的機器以製造成品，其中也有將部分作業外包、委託外包商製作的狀況。

綜合損益表將這些費用稱為「製成品成本」，詳細內容另外整理成一張表，可參考第三十三節的「製成品

第1章
第2章
第3章
第4章
第5章
第6章

▶營業毛利是所有收益的重點

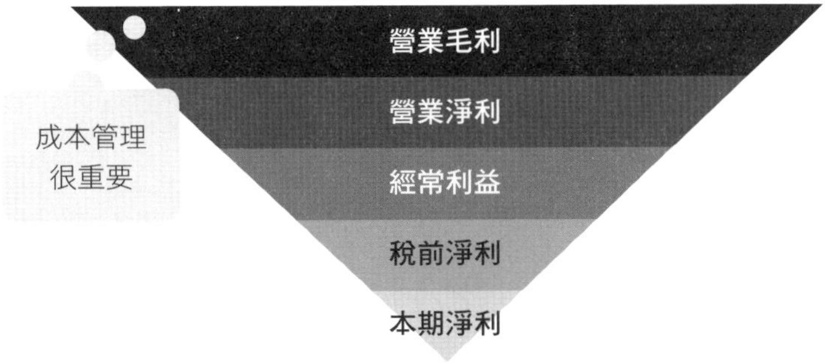

想增加營業毛利，唯一方法是壓低成本。

成本表」。內容除了原物料費之外，其餘部分皆與營業費用類似。

請記住**「總公司部門的費用會記載於營業費用明細表，而製造相關的費用，應該從製成品成本表確認。」**

營業費用明細表和製成品成本表將於本書第三十二、三十三節說明。

■成本是多少？你可以利用存貨來計算

各位可以看一下綜合損益表的營業成本，和製成品成本表的製成品成本，會發現成本是將商品或原物料等

▶製造業的人事費用和其他經費，會出現於兩處

人事費	經費發生場所	出現於綜合損益表的地方
	 公司	營業費用（第 32 節）
	 工廠	營業成本（製成品成本）（第 33 節）

人事費用和其他經費，會出現在成本與營業費用。

的期初存貨，加上一整年的進貨量，再減去期末存貨。

為什麼要這麼計算呢？

假設現在冰箱裡有一根紅蘿蔔，因為要煮咖哩，又去超市購買五根紅蘿蔔。煮好咖哩後，還剩下兩根紅蘿蔔，因此這道咖哩用了四根（1＋5－2）紅蘿蔔。

透過「**最初（期初）的存貨＋進貨量－最後（期末）的存貨**」的公式，便能計算使用份量，也就是成本。

接近結算日時，公司會進行「盤點」，也就是計算存貨量的作業。透

▶存貨金額會對營業毛利產生什麼影響？ 1

科目	金額	
【營業收入】		30,000
【營業成本】		
期初存貨	+1,300	
商品進貨	+13,000	
本期製成品成本	+6,000	
期末存貨	-2,300	18,000
營業毛利		12,000

使用期初存貨及期末存貨的金額來計算營業成本。

過盤點作業，公司才能確認期末的存貨量。如果盤點錯誤，就無法算出正確的成本。

盤點後，**若比原本的存貨還要多，會使營業毛利增加；若比原本的存貨還要少，營業毛利則會減少。**因此，盤點清查是非常重要的作業。

▶存貨金額會對營業毛利產生什麼影響？ 2

把營業成本的算式製成圖表…

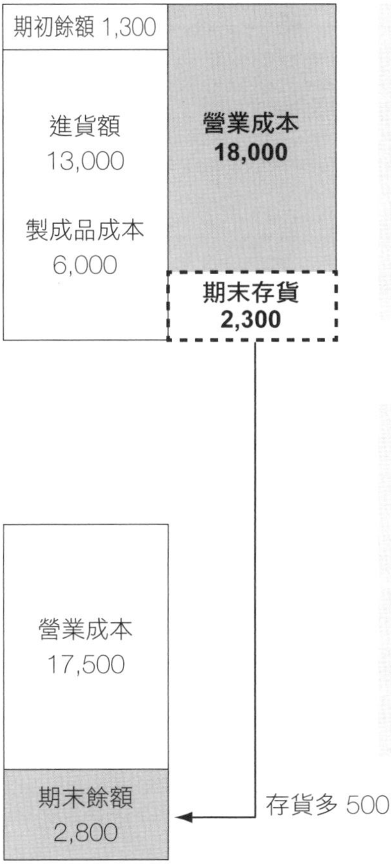

營業成本只計算已賣出商品的成本。

不管買進多少存貨，若是沒有銷售出去，只會讓期末存貨增加。

因為左邊的「進貨額」與右邊的「期末存貨」一樣增加，所以營業成本不變。

到了年底，要盤點確認存貨金額。

如果這時候沒有正確計算存貨金額，就無法正確計算營業成本。

假如計算出的存貨金額，比原本應有的餘額多，營業成本會減少。因此，營業毛利就會增加。

存貨會影響營業成本，因此要正確管理。

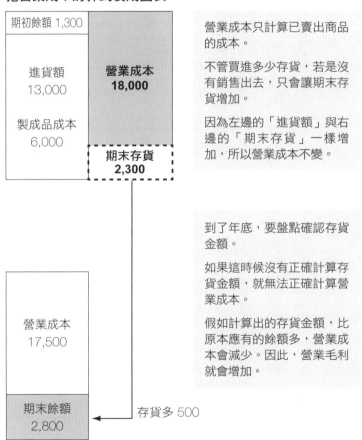

9 建築物、設備價值的折舊損失，影響淨利甚鉅，你不可不知

買下設備的瞬間，就無法再以費用計算

各位看過營業費用明細表或製成品成本表後，應該會察覺到「折舊成本」項目的金額偏高。這個項目表示建築物或設備的價值，在這一年內減少的部分，而數字則代表價值減少的金額。

舉例來說，買進價值一億元的設備後馬上開始使用，一年後這套設備的價值會變為多少呢？雖說要以金額表示，但不知道設備的價值變為多少，也是個令人困擾的問題。

為了解決這個問題，有人想出「折舊成本」的項目。設備長期使用後，價值

會逐漸消失，以專有名詞來解釋，叫做「折舊」。因此，折舊成本就表示：帳面上的固定資產價值，因為折舊慢慢遞減至歸零。

固定資產在**過去一年內減少的價值，會以折舊成本來表示。雖然價值減少，實際上並沒有金額支出**，僅是顯現在財務報表上的價值逐漸遞減。

折舊成本的計算並不難

折舊成本的計算方法很簡單。如果是建築物，只要將購入金額除以一定的年數（一般稱為「耐用年數」）即可。理論上，耐用年數是從購入起算，至價值變為零的期間。

▶建築物或設備的價值是多少？

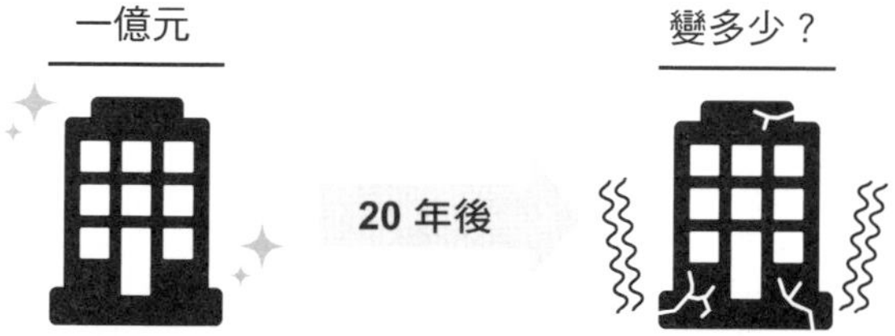

折舊成本＝購得價格÷耐用年數

折舊成本是指隨著時間而減少的價值。

折舊成本的計算，可以寫成「**折舊成本＝購得價格÷耐用年數**」的公式。若是鋼筋水泥的建築物，耐用年數可大概以五十年來計算；若是車子，耐用年數大概以五年計算。

有時，為了避免帳面收益太多，於是增加折舊成本項目來壓低收益，刻意防止收益數字變動。

再次提醒，折舊成本不是只出現於營業費用，也會出現於製成品成本表上。

- 營業費用：總公司建築物或公務車等。

▶製造業的折舊成本也會出現於這兩個地方

發生場所	內容	出現於綜合損益表的項目
 公司	公司建築物、公務車等	營業費用（第 32 節）
 工廠	工廠設備、製造機器等	營業成本（製成品成本）（第 33 節）

發生場所不同，記錄的科目就會不一樣。

● 製成品成本表：工廠建築物、生產設備等。

發生場所不同，記載的科目也不一樣。

■只有土地不能列在折舊成本

折舊成本的例外資產是「土地」與「低價物品」。因為土地被認為不論經過多久，價值都不會減少，所以折舊不適用於土地資產。

另一方面，在日本，價格未達十萬日圓的消耗品，在使用的瞬間，便全部成為費用，也不會有折舊成本（編按：在台灣，價格未達八萬元或使用年限不超過兩年的物品，購入時可列為費用）。因此，折舊成本有兩項資產例外。

▶折舊成本的計算方法不是只有一種

雖然價值遞減，但不表示支出帳面上的金額。

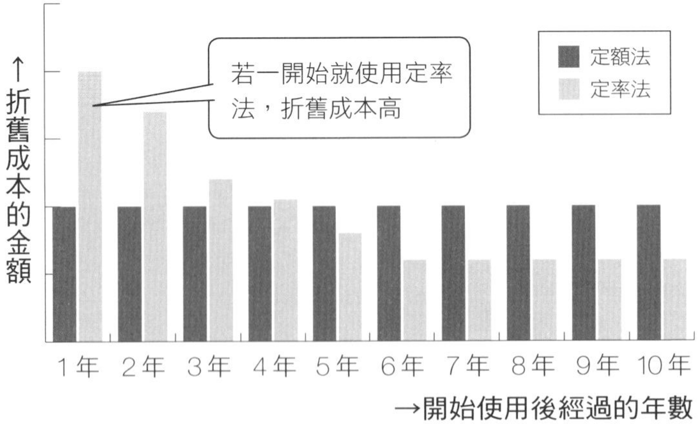

折舊成本多寡會因為計算方法不同而有差異

種類	說明	計算方法
定額法	每年定**額**遞減	購得金額÷耐用年數 ※折舊額每年不變
定率法	每年定**率**遞減	未折舊金額÷固定比率 ※折舊額會愈來愈小

使用初期以定率法計算，使用末期時以定額法計算，折舊額會比較高。

10 別陷入「營收減半、淨利減半」的謬誤，因為有固定成本

■不論營業額如何變動，金額沒有改變的就是固定費用

我們常聽到「變動費用」、「固定費用」，但在綜合損益表上完全看不到它們的蹤影。如果想增加收益，掌握這兩項費用的概念是非常重要的。

所謂的**變動、固定，是針對營業額而言**。當營業額增加，費用會跟著增加的就是變動費用，例如：原物料費、外包費等，就是典型的變動費用。另一方面，不受營業額增減的影響，金額維持不變的則是固定費用，例如：人事經費或租金等。

管理收益時，不依據「成本、營業費用」分項考量，**而是分成「變動費用、固定費用」來考量，也非常重要**。

▶認識變動費用與固定費用

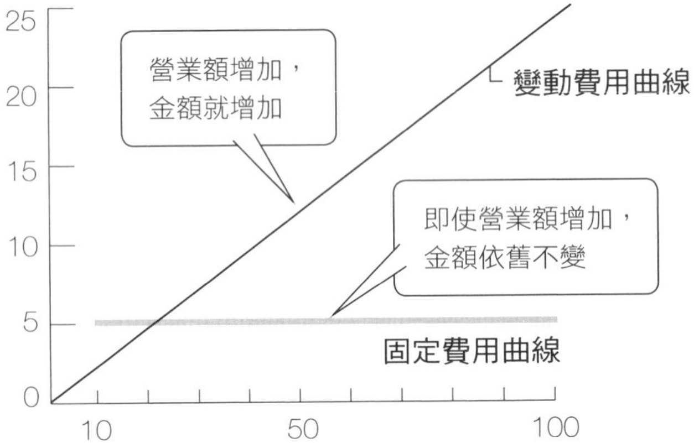

★超簡單分類秘訣

變動費用：採買費、原物料費、外包費

固定費用：變動費用以外的費用

（零售業、批發業、服務業等）

變動費用	固定費用
營業成本	營業費用

（製造業、建築業等）

變動費用	固定費用
生產原物料費 生產外包費	勞動成本 製造費用 營業費用

變動費用、固定費用的分類，視各公司的判定為準。

■「營業額減半，收益也會減半」的謬誤

現在舉個例子，來思考營業額與收益的關係。假設有家公司的營業額是十、費用是八、收益是二。費用當中，變動費用為四，固定費用也是四。

如果營業額加倍，收益會變成多少？相反地，如果營業額減半，收益會降為多少？你是不是覺得：「當營業額加倍，收益就變成四；營業額減半，收益就變成一」呢？

只要分別依照變動費用、固定費

▶收益會如何變化？

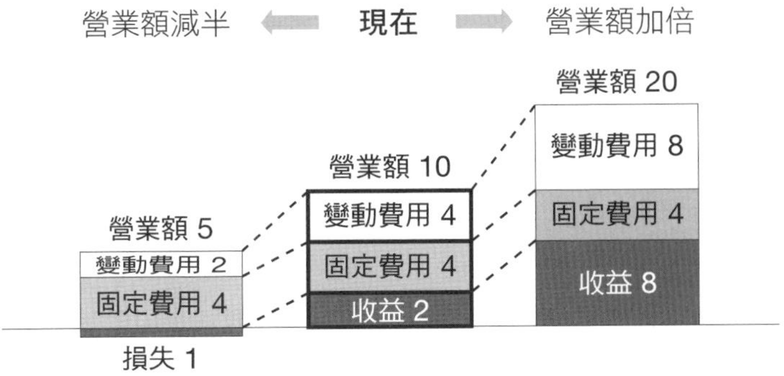

管理收益時，分為變動費用、固定費用來計算，也是非常重要。

用來思考，就會發現答案大錯特錯。實際上，當營業額加倍，收益會變成八；當營業額減半，收益則會變成負一。

20（營業額加倍）－8（變動費也加倍）－4（固定費）＝8

5（營業額減半）－2（變動費也減半）－4（固定費）＝-1

如果沒有弄清楚這個概念，在投資新事業或停業的重要時刻，將無法做出正確的判斷。

先弄懂什麼是損益平衡點

我們有時候會在報紙上看到的「損益平衡點比率」，其實就是使用變動費用及固定費用計算而得出。因為計算方法較困難，在此暫且省略詳細說明，但請記住損益平衡點的意思。

「損益平衡點」是指營業利益呈現赤字（虧損）或黑字（盈餘）的分歧點。假設營業利益是黑字，比例最多就是一〇〇％；如果營業利益是赤字，比例就會超過一〇〇％。

也就是說，如果目前的損益平衡點比率是八〇％，代表雖然現在有賺錢，但如果之後營業額下降二〇％，就會變成赤字、虧錢。**「營業淨利增加越多，損益平衡點比率就會越低」**，只要先掌握這個原則即可。

▶何謂損益平衡點

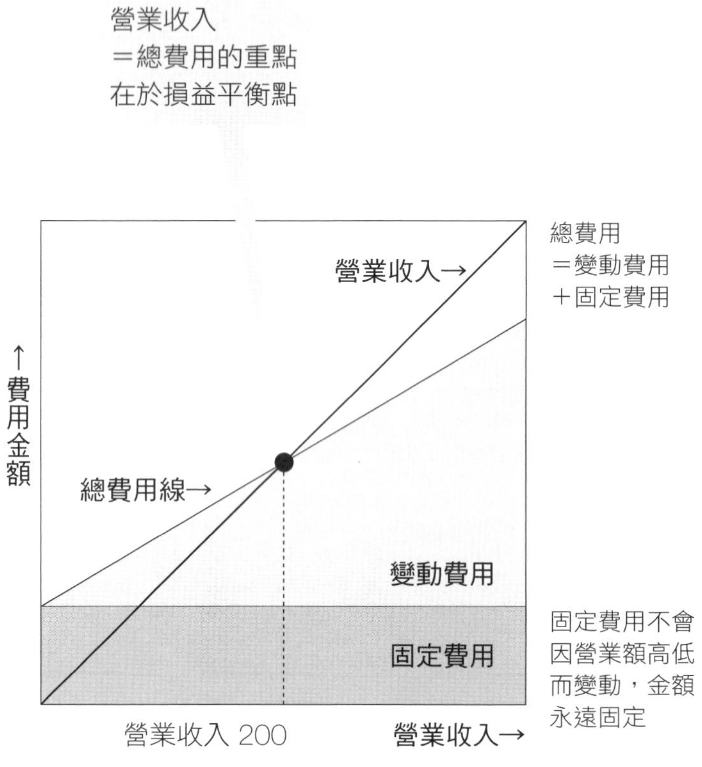
營業收入
＝總費用的重點
在於損益平衡點
營業收入→
總費用
＝變動費用
＋固定費用
↑
費用金額
總費用線→
變動費用
固定費用
固定費用不會
因營業額高低
而變動，金額
永遠固定
營業收入 200
營業收入→

▶損益平衡點比例的算法

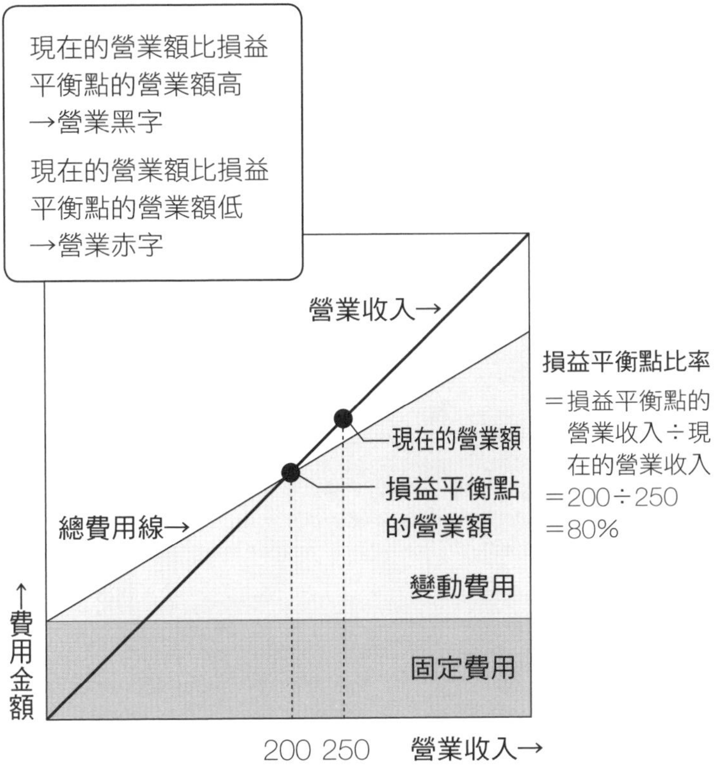

如果損益平衡點比率是 80%，
當營業額下降 20%，營收將變成赤字。

11 創造淨利有3方法，與進貨、契約及銀行密切相關

方法一 針對進貨成本開刀

這裡做個整理，思考讓收益增加的方法。在成本管理中，最重要的部分是進貨。近江商人（譯注：近江商人是指滋賀縣出身的商人，與大阪商人、伊勢商人並譽為「日本三大商人」）之間有句話說：「利來自本（進貨）」，意思是指進行與採買價格相關的交涉時，一定要謹慎小心。

越是長期往來、穩定交易的公司，越要多加注意。即使雙方的承辦人很熟悉，認為已經建立信賴關係，也不可掉以輕心。

試著取得其他公司的資訊，或是更換承辦人，重新討論採買價格。**如果先入為**

主地認為：「我們的買價應該很便宜」，是非常危險的。

■方法二 重新審視所有的契約，削減固定費用

降低固定費用就能讓收益增加，比方人事費用。

在商場上有所謂的旺季及淡季。如果為了配合旺季的需要，聘雇許多正職員工，到淡季時就會發生人力過剩的問題。

過剩的人力會導致固定費用（人事費用）無謂地增加。

▶要創造收益，需要三把手術刀

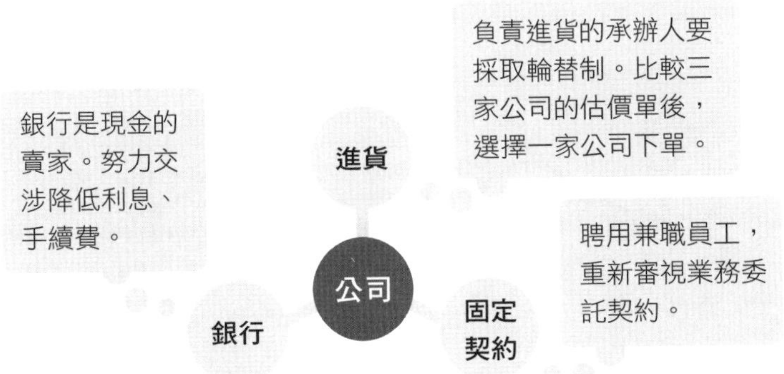
負責進貨的承辦人要採取輪替制。比較三家公司的估價單後，選擇一家公司下單。
銀行是現金的賣家。努力交涉降低利息、手續費。
進貨
聘用兼職員工，重新審視業務委託契約。
公司
銀行
固定契約

有時候必須忍痛開刀，否則收益不會增加。

為了避免無謂的浪費，正職員工的人數要控制在最低限度，並聘用兼職員工（變動費用）。

除了降低人事費用之外，重新審視業務委託契約，確認是否能把每月定額付款的方式，改為只支付使用部分的金額，也是個不錯的方法。

針對租金、廣告、業務委託契約這類「支付條件與往年一樣」的契約下手，也是一個方法。

▶削減固定費用（例：人事費用）

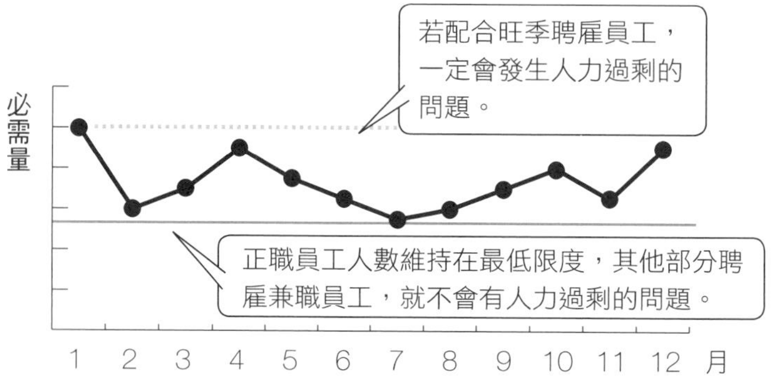
若配合旺季聘雇員工，一定會發生人力過剩的問題。
必需量
正職員工人數維持在最低限度，其他部分聘雇兼職員工，就不會有人力過剩的問題。
1 2 3 4 5 6 7 8 9 10 11 12 月

必須想出把固定費用改為可變動的方法。

■方法三　銀行也是交涉對象之一

許多公司會支付利息給銀行。要提高經常利益，就必須降低利息的費用。

因此，公司的財務部門應該把銀行想成是現金的賣家，不要進行多餘的交易（例如借款），對於交易價格、利息或手續費等，也要謹慎交涉。跟銀行往來，也等同於採買交涉。

最重要的是**與多家銀行往來**、**比價**。如第七節所述，銀行在評價一家公司時，是看其營業利益。

因此，想贏得銀行的高度評比，綜合損益表中的營業收益必須是賺錢的。例如：

▶贏得銀行或信用評比機構高度評價的方法1

讓銀行或信用評比機構關注的收益項目增加

銀行：營業利益

信用評比公司：經常利益

- **把營業外收入算在營業額中。**
- **將營業成本、營業費用、營業外費用列在非常損益。**

這麼做並非要粉飾太平，因為稅前淨利不變，只是呈現的樣貌不同而已。至於要如何呈現，就是會計部門的工作。

▶ 贏得銀行或信用評比機構高度評價的方法 2

為了讓營業利益、經常利益的數字看起來變大，平常就必須具備 ①②③ 的觀點。

P/L（綜合損益表）	修飾前	修飾後	
營業收入	30,000	30,350	
（△）營業成本	18,000	17,350	
（＝）營業毛利	12,000	13,000	
（△）營業費用	8,000	7,500	
（＝）營業利益	4,000	**5,500**	+1,500up
（＋）營業外收入	460	110	
（△）營業外費用	1,460	1,460	
（＝）經常利益	3,000	**4,150**	+1,150up
（＋）非常利益	300	300	
（△）非常損失	1,300	2,450	
（＝）稅前淨利	2,000	2,000	
（△）所得稅	600	600	
（＝）本期淨利	1,400	＝ 1,400	

① 350　② 650　③ 500

信用評比機構☞（經常利益）

※ 最終收益不變

① 把營業外收入中的租金或權利金收入等，搬到營業收入科目。

② 原物料或商品的報廢損失、工廠因災害產生的修繕費用，列在非常損失科目。

③ 總公司、店鋪因災害產生的修繕費用、董事的離職金等，列在非常損失科目。

即使本期淨利沒有變動，也能讓中途利益增加。

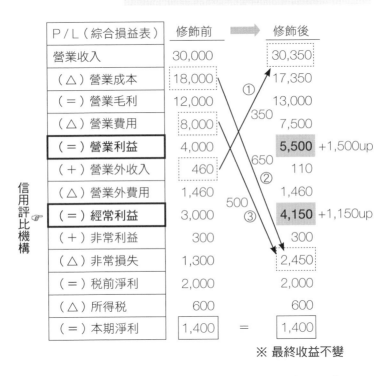

（單位：百萬元）

科目	金額	
【營業收入】		30,000
期初存貨	1,500	
商品進貨	6,000	
製成品成本	13,000	
期末存貨	2,500	
【營業成本】		18,000
營業毛利		12,000
【營業費用】		8,000
營業利益		4,000
利息收入	3	
股息收入	10	
不動產租金	350	
其他收入	97	
【營業外收入】		460
利息支出	100	
有價證券損失	310	
匯差損	550	
其他損失	500	
【營業外費用】		1,460
經常利益		3,000
處分投資的有價證券收益	300	
【非常利益】		300
災害損失	500	
處分固定資產損失	700	
訴訟相關支出	100	
【非常損失】		1,300
稅前淨利		2,000
【所得稅費用】		600
本期淨利		1,400

專欄❷
瞭解綜合損益表與其他報表的關係，你就是管理高手

製成品成本表

科目	金額	
【原物料費】		
期初原物料存貨	500	
原物料進貨額	2,000	
合計費用	2,500	
期末原物料存貨	600	1,900
【勞務費】		5,500
【外包加工費】		2,300
【生產經費】		3,200
本期總生產費用		12,900
期初在製品存貨		500
期末在製品存貨		400
本期製成品成本		**13,000**

營業費用明細表

科目	金額	
董監事酬勞	800	
津貼	3,800	
獎金	1,000	
退休金	300	
社會保險	600	
員工福利金	100	
折舊成本	200	
…	…	
修繕費	80	
稅捐	100	
交際費	20	
業務委託費	150	
支付手續費	50	
…	…	
營業費用合計		**8,000**

※ 零售業、批發業、服務業不用製作製成品成本表。
每個行業都要製作營業費用明細表。

○○ 解說

相較於資產負債表，綜合損益表的內容更為簡潔。雖然內容簡潔、容易閱讀，但在分析內容時，會有資訊不足的缺點。

比方說，在綜合損益表上，「營業費用」或是製造業「製成品成本」的科目只有一行字，以致無法得知其內容中哪個項目的金額多。因此，營業費用的科目會附上「營業費用明細表」，製成品成本的科目會附上「製成品成本表」的補充文件，以便確認詳細內容。

上頁圖表標示了各文件之間的關聯。各位看了就知道，每份文件詳細內容的合計金額，都與綜合損益表的數字有關。本書第二十九節將提到，特別是在分析人事費用時，更需要參考這些明細。

重點整理

- ☑ 綜合損益表是公司的經營成績單，「賺的錢要比支出多」是經營的基本原則。
- ☑ 銀行關心營業淨利，稅務機構在意稅前淨利，投資人則關注本期淨利，每個人關心的收益項目皆不相同。
- ☑ 營業毛利是所有收益的重點。如果無法確保營業毛利，就無法保住其他收益。
- ☑ 建築物、設備的價值會依年限而遞減，因此會列入折舊成本，但土地與低價物品不能列在折舊成本。
- ☑ 不論營業額如何變動，固定費用金額不會隨著改變。
- ☑ 想要增加收益，除了重新審視成本之外，還可以降低進貨成本、削減固定費用、與銀行交涉。

編輯部整理

▶比起收益，更應重視資金（現金）。讓資金增加的金流管理能力，是一家公司能否永續經營的必備條件。

第3章

如何用綜合損益表，合法避稅、撐到春天？

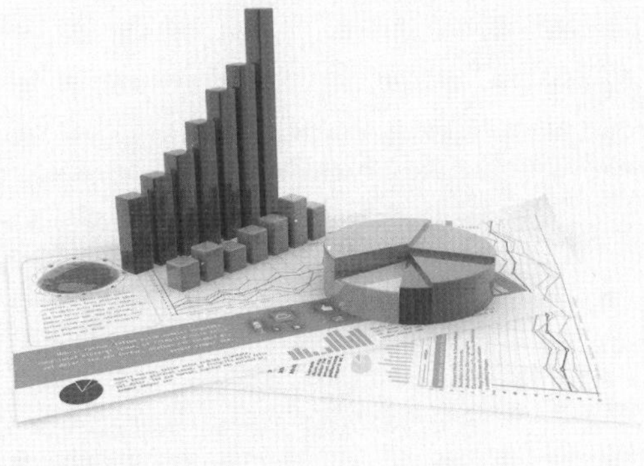

12 錢就像公司的血液，現金不足公司必倒

■ 資金不足，是倒閉的唯一原因

公司會倒閉的原因只有一個：資金無法周轉。對公司而言，資金（現金）就好比血液。血液如果沒有流通全身，公司將無法繼續生存。

各位應該聽過「現金流量管理（Cash Flow Management）」，這個名詞源自美國，是企業經營的思考方式。「Cash」是「現金」、「Flow」是「流動」的意思，因此經營公司必須重視金流。

營業額或收益其實只要加以操作，就能有成果。不過，現金是手上擁有的錢，無法隱藏或矇騙，所以是最重要的部分。

■持續創造可用資金：營運金流

血液循環系統中，最重要的是負責將血液送至全身的「心臟泵浦功能」。如果泵浦功能無法充分運作，最後會引發心臟衰竭。

本業所賺的可用資金，也就是「營運金流」，是一家公司的心臟泵浦。

如果本業無法賺錢，什麼事都做不了，即使賣掉公司的資產或是借錢來擠出資金，也只能暫時救急。因此，若本業的營運金流持續呈現負

▶從公司經營角度看重要性

現金（Cash）		收益		營業額
手邊現金和帳戶存款餘額，全部屬於現金。無法隱藏。	＞	想隱瞞是可行的（因此會發生財務報表做假帳的事）。	＞	就算勉強提高營業額，收益也不一定能增加。

收益的重要性大於營業額，
現金的重要性大於收益。

數，公司早晚會倒閉。

■倒閉的公司一定債台高築

當資金無法周轉時，就跟個人負債的情況一樣，變得全身揹債。

在業績好的時候，容易得意忘形，總是預想未來也會一片光明，於是向銀行借錢投資設備。可是，沒想到哪天風水輪流轉，產品賣不出去、存貨堆積如山，甚至還不起借款。

倒閉的公司一定都向銀行借了許多錢。因此，要經常檢視公司的血液（現金）是否順暢流通。詳請於第二十八節說明。

▶強健的公司擁有纖瘦體型與強大的心臟

強健公司

沒有累贅資產，
賺許多錢

大量的可用資金
（營運金流）

↓

對人、物的投資

- 人才開發、教育
（少數精銳）
- 投資設備（提升生產力）
- 研究開發（下一個財源）
- M&A（併購公司或事業）

投資創造下一個財源

孱弱公司

累贅資產太多，
借款也多

可用資金少

處分資產得到的資金
（暫時的）

↓

償還借款

↑↓

不夠的話……追加借款

為了償還借款再借錢，償還新借款的壓力把自己逼入困境

成為強健公司的原則

- **為了未來能夠獲利，對必要的投資要不惜投入資金。**
- **不做與本業無關的投資，例如：不動產、股票、汽車。**
- **不做不符合財力的投資，例如：必須借款的過度投資。**

13 有賺錢不等於資金會增加，兩者之間有落差

■收益與現金看起來相似，其實是兩回事

似乎有許多人認為：「收益就等於現金。」事實上，即使收益是一億元，不見得現金就會增加一億元。為什麼呢？理由有二：

1. 綜合損益表有不會影響現金流量的科目

綜合損益表分為五個種類來計算收益，但列於綜合損益表的科目不見得都會影響金流。

2. 即使現金出現變動，也不一定記載於綜合損益表

另一方面，有時候即使公司現金變多或變少，也不一定會記載在綜合損益表上。

■折舊成本不見得會產生現金

第一個代表項目是「折舊成本」。折舊成本是以金額，表示一年裡建築物或設備遞減的價值。

建築物或設備在買進的那一刻，不會被列在費用中，而是隨著使用的時間，慢慢地累計折舊成本。綜合損益表把折舊成本當成減項，來計算收益。

但實際上，折舊成本不會支付現金，因此導致收益與現金出現落差。不會影響現金流量

▶收益與現金看似相同，其實是兩回事

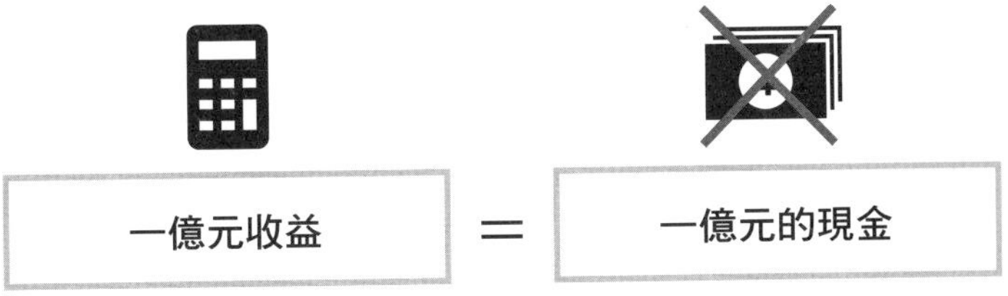

收益只是計算機算出來的結果。

收益與現金不相等的理由 1

綜合損益表有不會影響現金流量的科目　　（單位：百萬元）

製成品成本表	
科目	金額
I.原物料費	…
II.勞務費	…
III.經費	…
…	
折舊成本	…

科目	金額
營業收入	30,000
期初存貨	1,300
本期進貨	6,000
本期製成品成本	13,000
合計	20,300
期末存貨	2,300
營業毛利	12,000
營業費用	8,000
營業利益	4,000

營業費用明細表	
科目	金額
董監事酬勞	…
…	…
…	…
…	…
折舊成本	…

折舊成本會讓收益減少，但不見得會讓現金變少。

的科目，除了折舊成本之外，還有「處分固定資產損失」、「××準備金」等其他科目，但只要先牢記折舊成本即可。

即使時間有落差，營業收入和進貨額還是會影響現金流量

關於理由1，曾有人問我：「敝公司在商品出貨時，就會算入營業額，但是實際上要兩個月後才會收回帳款。這種情況下，即使綜合損益表已經記錄營業收入，也不會影響現金流量。請問您的看法如何？」

不僅是營業額，進貨也一樣。在計入帳冊時，因為尚未支付款項，所以不會影響現金流量。這麼一想，營業額和進貨都是導致收益與現金不相等的原因。

不過，這只是因為營業額與進貨記錄於綜合損益表的時間點，與入帳或付款的時間點稍有落差而已。若把時間拉長來看，這兩項科目還是會影響現金流量。

■償還借款不會列在綜合損益表上

理由2的代表科目大致可分為以下三個，這些都不屬於營業活動：

1. 建築物、設備的投資額或處分費用。

在投資的那一年，不會將投資額全額列於綜合損益表上，如同前面關於折舊成本的敘述。

2. 借款額、還款額。

金錢的借貸與公司的業績沒有直接關係。即使借錢讓現金變多，收益

▶收益與現金流量不相等的理由 2

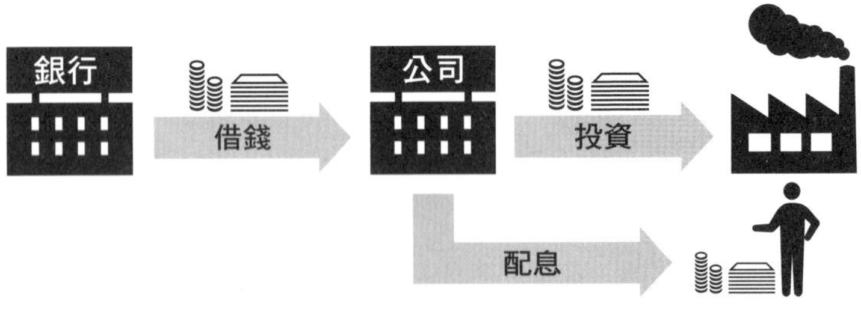

營業外活動不會列在綜合損益表上。

也不會增加。此外，即使償還借款，收益也不會減少。

3. 配息的支付額。

配息是依據綜合損益表中的「本期淨利」支付。換句話說，先有本期淨利，才會有配息。

經過以上的說明，請各位務必記住「收益與現金流量不會一致」。

14 可用資金得仔細計算，即使出現赤字也有機會撐到春天

■ 現金流量表並非必要

那麼，營運金流又是如何計算呢？上市公司會製作「現金流量表」，可是這種報表非常難理解。第三十節將提及現金流量表，但在計算營運金流時，這份報表的重要性較低，將在後面說明理由。

至於中小企業，本來就不會製作現金流量表。換句話說，現金流量表只不過是一般的文件。

關鍵是本期淨利與折舊成本

要計算相當於心臟泵浦的營運金流（本業所賺的錢＝可用資金），其實有好幾個方法。本書將算式簡化，各位只需記得以下公式：

營運金流＝本期淨利＋折舊成本等。

前一節曾提到，收益與現金看似相似，其實是兩回事，而導致兩者不相等的主要原因，就是折舊成本。

綜合損益表扣除不會產生現金的折舊成本，以計算收益。因此，**在計算現金流量時，要反過來加上折舊成本。**

▶營運金流的算式

營運金流 可使用資金	＝	**本期淨利** 扣掉稅金後的獲利	＋	**折舊成本等** 不會影響現金流向的項目

※除了折舊成本，還有「處分固定資產損失」等項目

關於營運金流可以透過綜合損益表簡單計算。

另外，上一節提到建築和設備的投資或處分、借款和還款、股息的支付等，不屬於營業活動，因此在計算營運金流時，也不會把這些項目列入。

■即使本期淨利是赤字，現金還是在流動

即使本期淨利呈現赤字，假如現金還能夠周轉，就不會有問題（參考下圖）。

假設過去以十億元買入的土地，以三億元賣出，那麼處分資產的損失就有七億元。但實際上，不會產生七億元的現金損失。

綜合損益表中，將沒有產生現金的「處分

▶【案例】本期淨利赤字，現金依然順利流動

1. 高額的設備投資（展店等）導致折舊成本膨脹時

例〉本期淨損是 △1 億元，但折舊成本是 2 億元
→營運金流　＝△1 億元＋2 億元＝＋1 億元

2. 處分土地導致高額損失時

例〉處分土地損失 10 億元，本期淨損為 △5 億元
→營運金流　＝△5 億元＋10 億元＝＋5 億元

損失」視為減項來計算淨利。因此，在計算營運金流（可用資金）的時候，反而要加上處分損失（參考右圖項目2）。這種情況下，即使收益呈現赤字，金流還是黑字。前面介紹的算式，提到折舊成本「等」的原因就在於此。

計算營運金流時，要以本期淨利為依據，同時必須考量不會影響現金流量的科目。

▶即使有處分損失，卻不會產生現金變動

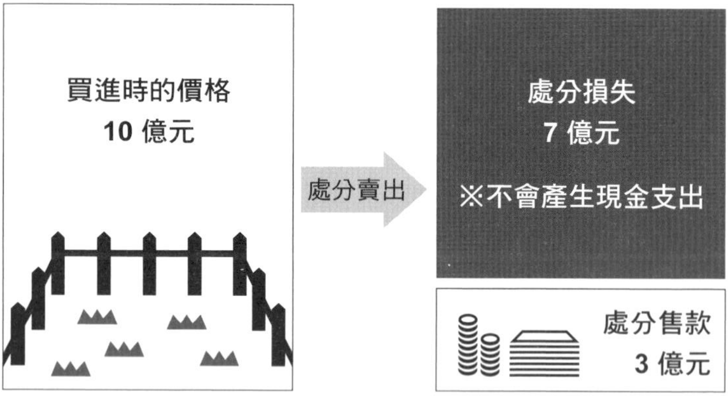

（單位：百萬元）

科目	金額
營業收入	30,000
…	…
經常利益	3,000
災害損失	100
處分固定資產損失	700
訴訟相關支出	100
…	…
稅前淨利	2,000
所得稅等	600
本期淨利	1,400

計算本期淨利時，7 億元是減項，但實際上沒有產生現金。
↓
因此，計算現金流量時，本期淨利 14 億元要加上這項損失。

即使處分損失的金額高，但是現金並沒有減少。

15 想讓金流順暢，方法是回收款項要快，支付款項要慢

■「收帳要快，付錢要慢」就能讓可用資金變多

如同前文所述，在使用綜合損益表來計算現金流量的算式中，本期淨利與折舊成本是關鍵。

還有另一個關鍵是「**收帳要快，付錢要慢**」，這是老生常談。假設你提早領到薪水，但把信用卡的卡費繳款日延後，皮夾裡的現金就會變多。公司的金流也是相同的情況。

如果能夠早日將貨款收回，並延後進貨或經費的支付期限，就可以改善公司金流。有件事務必牢記：**不要把現在的收帳條件或付款條件，視為理所當然、業界常**

規或不可變更。

一定要經常審視，並調查其他公司或業界的狀況，想辦法爭取對自己更有利的條件，便能找到改善的契機。

■想改善銷售的收帳條件，需要耐心長期作戰

如果能成功交涉收帳及付款條件，便能增加公司金流。這時候把之前介紹的算式列入考量，就可以讓金流增加。

下圖為案例介紹，想要改變收帳

▶收帳要快，付錢要慢

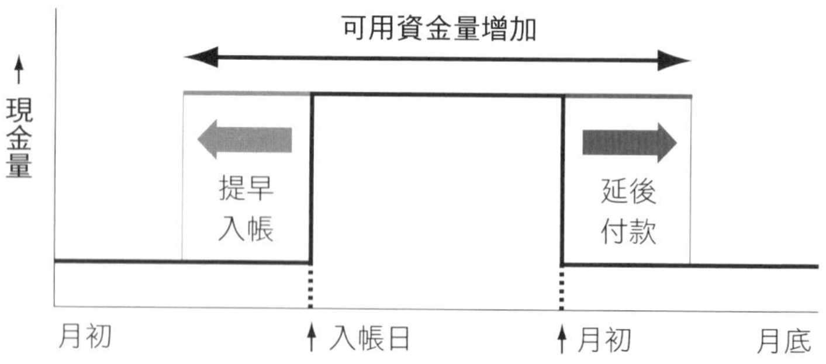

是否重新審視入帳與付錢的條件呢？

條件並不簡單，會花費很多時間，要有長期作戰的心理準備。

- 當長期往來的合作廠商要求漲價時，趁著這個時機交涉（聽取合作廠商提出的希望，同時提出我方的條件）。
- 當同公司的A分店與B分店付款條件不同時，與對方交涉依照較有利的分店條件來付款。

對業務員來說，很難主動要求客戶「早日付款」。不過，試著拿出勇

▶【案例】為了改善金流而進行交涉

- 將合作廠商開立的貨款支票到期日（開票日至兌現日的期限）從 90 天縮短為 60 天。
- 原本全部以支票支付的貨款，改為一半付現金、一半開票的形式。
- 把應付款的匯款日從下個月底，延長至下下個月底。

不試著開口要求改變條件，
永遠不會有改變。

氣交涉，往往會出乎意料地獲得對方同意。

想要改變收帳條件或付款條件，不可能一蹴可幾。一定要花心思和時間，耐心與對方交涉。

■使用「現金付訂」的交易方式

許多公司都有拿不回錢的不良債權，例如：應收帳款或應收票據，經常擔心款項是否真的拿不回來。

有一個對策，是要求對方盡量支付較高的訂金。

▶增加可用資金的基本原則

STEP1（簽約時）	●仔細擬定入帳條件。 （早日收到錢。）
STEP2（入帳時）	●仔細擬定入帳方法。 （收現金、匯款。）
STEP3（過了入帳日）	●盡快催促付款。 （不是口頭催促，而是出示文件加上拜訪。）

舉例來說，建築業會分別在開工、上樑、交屋這三個時間點，向客戶請款，而且與對方交涉，在開工或上樑時盡量多付一成的錢。

絕對不要以為：「等到所有作業結束後再請款就好。」

■列出處分損失，讓金流變順暢

每當我說：「列出處分損失，現金就會變多」，便就會有人反駁：「出現損失，錢會變少吧！」不過，損失其實包含了會支出現金的損失，

▶阻止未入帳發生的對策案例

- **貨款不是事後再付，而是要求對方以訂金方式支付。**
  （補習班、學校、電影院等的訂金，以及會費制的交易方式。）
- **思考以現金回收貨款的方式。**
  （零售業、外食產業、加油站、飯店等。）
- **可能會收不到錢時，以轉帳方式收帳。**
  （對方的帳戶有餘額，就可以每個月確實收款。）
- **當期沒收到錢時，馬上致電催促或寄出催討文件。**
  （未收帳款多的公司，一定錯過了最早的催討時機。）

對於未收帳款，預防比實際收帳重要。

和不會支出現金的損失。想改善現金流量，要善用後者的損失。

上一節也提到，賣出閒置土地出現的處分損失，會讓稅前淨利減少。同時，要支付的所得稅也會變少。如果出現的損失相當於好幾年的稅前淨利的額度，就可以好幾年不用繳稅。

如此一來，公司不僅會因為處分土地而有進帳，該繳的所得稅也會變少，公司便能累積許多現金。將處分損失當成「非常損失」來處理，營業利益和經常利益便不會呈現赤字，也不會使銀行對公司的評比下降。

16 一流主管必學，善用「虧損扣抵」來合法避稅

■所得稅針對「所得」而非「收益」課稅

所得稅是針對「所得」課的稅金，以日本來說，比例約是三〇%（編按：在台灣，比例約一七%）。換句話說，

所得稅＝「所得」×三〇%。

之所以強調「所得」二字，是因為它與稅前淨利不同。大致上來說，**所得大約等於稅前淨利**，但如果深入分析，其實兩者還是不同。**所得是「稅務」的名詞，稅**

前淨利則是「會計」的名詞。

許多人認為：「會計跟稅務應該是一樣的。」其實，兩者的概念在根本上有極大的差異。

■會計希望「不要出現收益」，稅務則希望「不要出現損失」

會計的責任是保護閱讀財報而投資、交易的股東和客戶，因此希望「將收益少算一點，但絕對不能做假帳」。

稅務的責任是計算正確的納稅

▶所得稅與所得有關

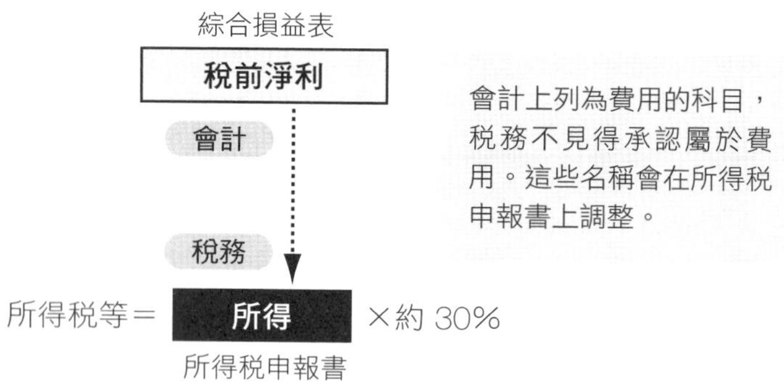
綜合損益表
稅前淨利
會計
稅務
所得稅等＝
所得
×約 30%
所得稅申報書
會計上列為費用的科目，稅務不見得承認屬於費用。這些名稱會在所得稅申報書上調整。

想要減少所得稅，必須懂得稅務相關常識。

額，因此希望「稅金多繳一點，絕對不能逃漏稅！」

稅務希望多繳稅，就等於希望「收益多」，與會計希望「收益少」的想法正好背道而馳。

在會計領域，計算交際費或準備金是沒有限制的。但是，稅務的想法則截然不同。如果列出的費用太多，稅金就會減少，因此對各種費用科目設有額度限制。

為了計算所得稅而編製的「所得稅申報書」，是以綜合損益表的稅前淨利為基礎，調整各費用科目來計算所得。

▶會計與稅務看似類似，其實截然不同

	目的	概念	禁忌行為
會計	保護股東、債權人	希望收益少算一點 ※當收益比實際金額多，會讓股東、債權人產生誤解	做假帳
稅務	要求正確納稅	希望收益多算一點 ※希望多繳稅	逃漏稅

上市公司重視會計，中小企業則重視稅務。

■如果出現高額損失，便轉存至明年以後的年度

當公司出現高額損失，導致所得呈現赤字時，在稅務上就出現「虧損金」。在稅務中有個制度是：如果某家公司某一年的所得呈現赤字，即使次年之後的所得都是黑字，仍可適用扣除以後最長九年內的淨利。

移至未來的虧損金，稱為「虧損扣抵」。在這筆款項消失前，都不會產生稅金。假設某年公司出現八億元的虧損扣抵，即使下個年度以後，每一季都有兩億元的稅前淨利，也可以四年內都不用繳稅。

虧損扣抵是稅務中的特有制度，必須記錄於所得稅申報書，但不會記錄在綜合損益表上。

▶認識虧損扣抵的架構

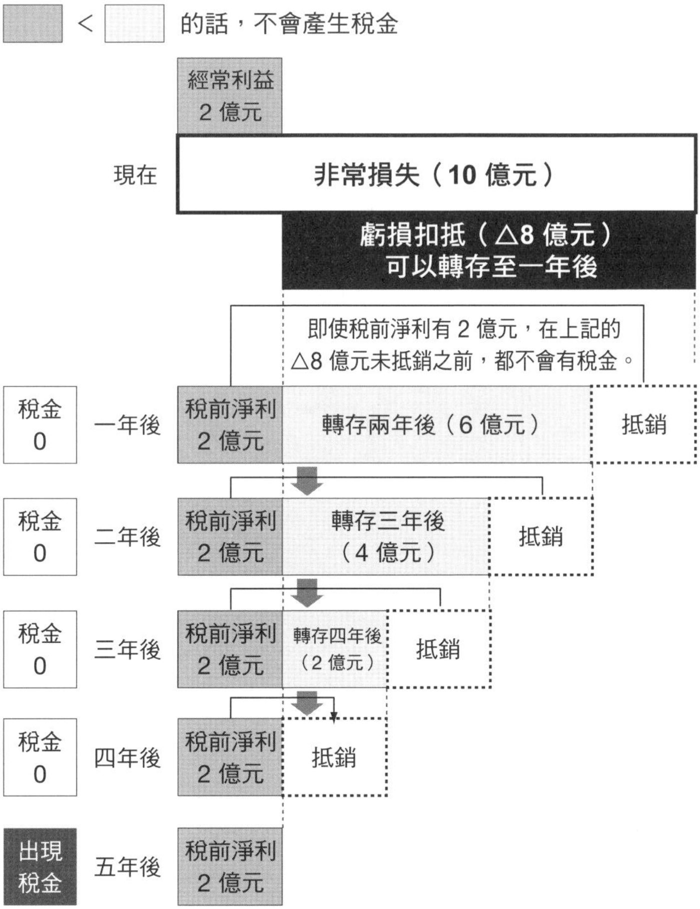

假設處分不動產，出現高額處分損失，
次年以後都不會產生所得稅。換句話說，公司能留住現金。

從現金流量的觀點來看，
如何善用虧損扣抵是非常重要的手段。

專欄 3

為何財務報表帳上有獲利，公司卻倒閉？

「黑字倒閉」是指公司雖然獲利卻還是破產。會造成這樣的結果，與計算營業額的時間點有關係。第十三節也提到，計算營業額的時間與入帳時間會有落差。通常這樣的落差現象能馬上消除，但若是明知暫時無法收回帳款，卻把這個金額列在營業額，讓收益增加，就會造成「帳面是黑字，卻無法收回帳款」的情形。

此外，另一個理由是：在計算營業成本時，只計算「已賣出」的存貨成本。雖然買進許多存貨，但是沒有賣出，就無法計算在營業成本中。這造成「明明沒有錢支付貨款，但沒有把未賣出的存貨成本計算進來，所以讓收益呈現黑字」的狀況。

帳面出現收益，但是應收帳款或存貨卻多於收益時，必須提高警覺。

▶黑字倒閉公司的簡單案例

綜合損益表	
營業收入	10,000
營業成本	4,000
營業毛利	6,000
⋮	⋮
本期淨利	**500**

	資產負債表				
	現金及約當現金	500	應付帳款	2,000	
①	應收帳款	5,000	短期借款	6,500	③
②	商品	4,000	股本	500	
			保留盈餘	500	
	資產	9,500	負債、淨資產	9,500	

雖然帳面有收益，但是資金周轉不樂觀，於是瀕臨倒閉。

①累積相當六個月份營業額的應收帳款。

②囤積相當一年份營業成本的商品。

③短期借款太多，如果還不出錢就會倒閉。

即使處分損失的金額高，但是現金並未減少。

重點整理

☑ 對公司而言，現金好比血液，若無法順利周轉，公司將無法繼續生存。

☑ 有收益，錢不一定會變多。因為綜合損益表有不會影響現金流量的科目，而且即使現金出現變動，也不一定記載於綜合損益表。

☑ 營運金流＝本期淨利＋折舊成本等。

☑ 讓金流順暢的方法：收帳要快，付錢要慢。

☑ 會計與稅務的觀點南轅北轍，上市公司重視會計，中小企業則重視稅務。

☑ 轉存至未來的虧損金，稱為「虧損扣抵」。從現金流量的觀點來看，如何善用虧損扣抵金是非常重要的手段。

編輯部整理

NOTE

/ / /

▶大部分的人只對綜合損益表感興趣，但是在企業經營上，真正重要的其實是資產負債表。

第4章

如何透過資產負債表，一窺公司財力深度？

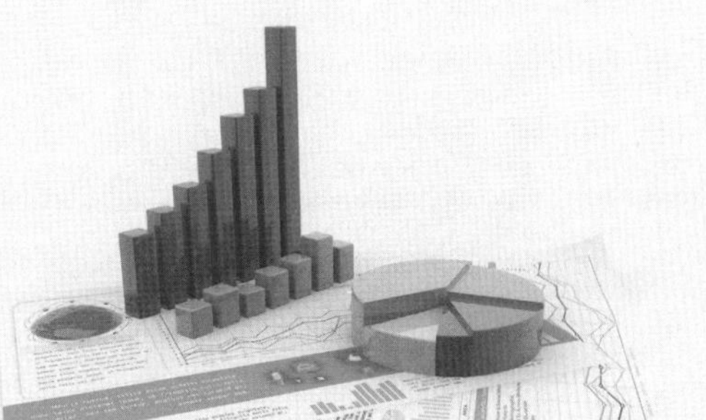

17 資產負債表左邊是公司財產明細，右邊是誰出這筆錢

左側是公司的財產明細表

「X公司擁有一座摩天大樓，是有錢的公司呢！」看著這棟大樓，外頭確實掛著X公司的招牌，但這棟大樓真的是X公司的資產嗎？全國連鎖的商店或餐飲店，可能有幾百、幾千個店舖，這些店面是否都是公司的資產呢？只要看資產負債表，就能知道答案。

資產負債表左側記錄了現金、建築物等公司所有的財產，如果沒有看到建築物或土地等科目，或者數目比想像中還要少，表示展店的店面都是租來的。

■這筆錢是誰出的？答案就在右側

各位擁有的財產，例如：現金、服飾、房子或車子，是用就業前持有的存款，還是用辛苦工作賺來的薪水所購買的呢？

購買財產所需的金錢稱為「資金」，不管是你本來就有的錢，或是工作賺的薪水，**只要是自己的錢就叫作「自有資本」**。

另一方面，有些人是向銀行貸款來買房子或車子，有些人是先用信用卡買衣服，待信用卡帳單寄來後再繳

▶找出真正屬於公司的資產1

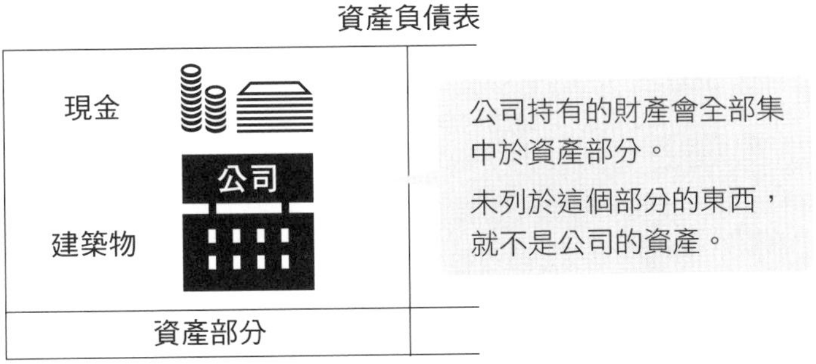
資產負債表
現金
公司
建築物
資產部分
公司持有的財產會全部集中於資產部分。
未列於這個部分的東西，就不是公司的資產。

公司擁有的財產稱為「資產」。

費。

這種情況是先使用別人的錢購買東西。換句話說，**借款或未付款就是「他人資本」，也可說是負債。**

資本分為自有資本與他人資本，都記錄於資產負債表的右側。

■左右必須一致，又稱為「平衡表」

資產負債表將公司的資產與資本並列。仔細閱讀資產負債表，便能掌握與外表截然不同的真正財務狀況。

資產負債表又叫做「平衡表

▶找出真正屬於公司的資產 2

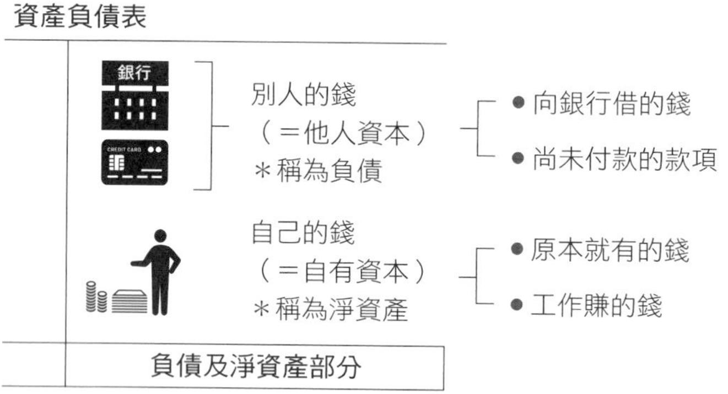

購買財產所需的錢稱為「資本」。

（Balance Sheet）」，因為左右必定相稱、達到平衡。請試著將你持有的資產寫在左側，將來要支付的負債（他人資本）寫在右側。

一般來說，資產會比負債更多。資產減去負債後會出現正差額，這個正差額就是你自己付出的錢（自有資本）。

▶資產負債表的左側與右側絕對一致

資產負債表
Balance Sheet ＝ B／S

錢的用途（運用方式） ＝ 錢的出處（調度源頭）

花錢 ⬅ 集資

資產部分

科目	
流動資產	XXX
現金及約當現金	XXX
應收帳款	XXX
其他	XXX
遞延所得稅資產	XXX
固定資產	XXX
建築物及結構體	XXX
機器設備	XXX
土地	XXX
其他	XXX
無形固定資產	XXX
關係企業股票	XXX
投資有價證券	XXX
備抵呆帳	△XXX
其他	XXX
資產合計	XXX

負債及淨資產部分	
流動負債	XXX
應付票據及應付帳款	XXX
短期借款	XXX
應付款及應付費用	XXX
獎金準備金	XXX
固定負債	XXX
長期借款	XXX
其他	XXX
負債合計	XXX

負債＝他人資本

股東權益	XXX
股本	XXX
保留盈餘	XXX
未實現資產重估價值等	XXX
其他可供出售證券評估差額	XXX
淨資產合計	XXX
負債及淨資產合計	XXX

淨資產＝自有資本

總資產 ＝ 總資金（他人資本＋自有資本）

調度得來的資本（右）
會轉換為各種形式的東西（左）。

18 資產負債表透露公司歷史，以及事業特質

■可以看清企業創立至今的歷史

資產負債表的左側是資產，右側是資本。購買財產的資本分為別人出資的錢（他人資本），以及與自己出資的錢（自有資本）。寫成算式則如下所示：

資產＝他人資本（負債）＋自有資本（淨資產）。

資產負債表可說是公司資產與資本的餘額一覽表，是從創業開始不斷累積而成。換句話說，資產負債表顯現出公司的歷史。

舉例來說，自己持有物明細表上的財產，包括房子、汽車、服飾等，並非一次全部一起採買的，而是經年累月慢慢採購的結果。

資產負債表也是如此。仔細閱讀資產負債表的各科目內容，一定會有些東西讓你大吃一驚：「這是什麼！怎麼會有這個？」

資產負債表與衣櫥一樣，也需要仔細整理。而且，在你觀察資產負債表左側及右側的內容後，甚至可看清一家公司的本質。

▶透過資產負債表可看清一家公司的性質 1

【勇敢前衝型】

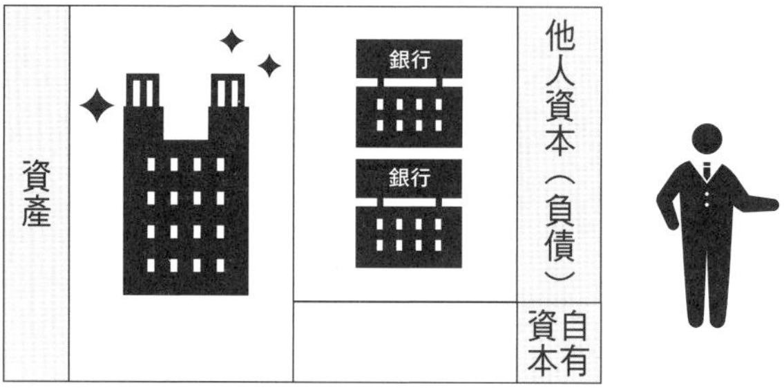

**看似富麗堂皇、引人注目，
其實借款很多，非常危險。**

認清公司的性質

假設某家公司的資產負債表左側列有豪宅、高級地段的土地、高級進口車等，你看了以後會覺得「資產真是雄厚」，卻無法得知真實情況。到底這家公司是如何買進這些財產呢？

- 用自己的錢（自有資本）購買嗎？**（確實資本雄厚）**
- 還是借錢（他人資本）購買呢？**（打腫臉充胖子）**

答案就在資產負債表的右側。

▶透過資產負債表可看清一家公司的性質 2

【努力打拚、節約儉樸型】

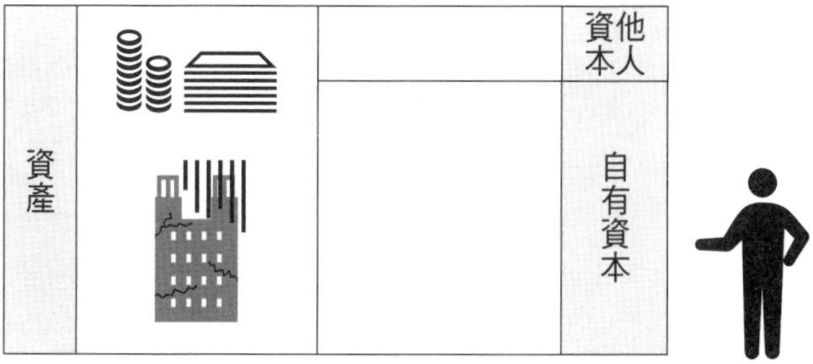

外表看起來樸實不起眼，其實口袋很深，公司營運非常穩定。

從創業時期就努力賺錢，沒有絲毫奢侈浪費的公司，自有資本會比較多。相反地，明明錢賺得少，卻喜歡打腫臉充胖子的公司，他人資本則非常明顯。

至於擁有不動產才安心的公司，資產負債表的左側會有許多建築物或土地。

只要看資產負債表，便能知道一家公司的性質。如果只看綜合損益表，絕對無法知道這些事情。

■依靠別人的財源，總有一天會破產

▶透過資產負債表可看清一家公司的性質3

【負債比過高（資產＜負債）就容易倒閉】

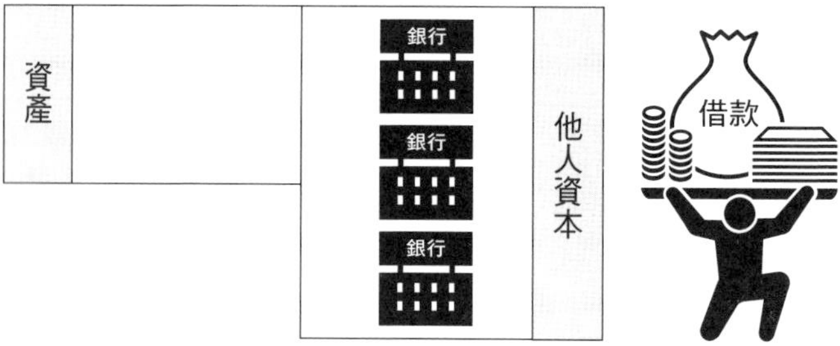

如果沒有出售資產或得到別人資助就會倒閉。

他人資本有可能大於資產，若拿個人的狀況來比喻，等於被卡債或借款壓得喘不過氣，最後導致個人破產。

我在看各家公司的財務報表時，有時會發現這樣的公司。負債大於資產時，稱為「負債比過高」。公司的負債比過高，倒閉風險便相當高。因此，不論是公司或個人，如果只靠別人的資金，最終一定會導致破產。

■自有資本太多，也讓人傷腦筋

另一方面，自有資本過多的公司也有煩惱，這些公司通常擁有許多現金，經常為了如何使用這些現金而頭疼。若是上市公司，股東會要求：「再配更多的股息給我們！」

在第十二節提過，公司想要成長，必須把賺來的錢投資在人、事、物上，例如：人才、最新設備、ＩＴ系統、研究開發、成長中的事業或公司等。以長遠來看，現金囤積太多並非好事。

19 財產明細上半部的流動資產，看出可否馬上變現？

■資產總有一天可以變現

資產負債表左側列出許多名詞，除了現金和存款是必要的之外，還有原物料、商品等名目。再往下看，還有土地、建築物等不動產、有價證券、○○權等名詞。

資產是公司的財產，基本上是有價值、可變現的，其中有些能立即換為現金，有的則需要一段時間才能變現。依據變現速度的不同，資產可以分成上半部與下半部。

■應收帳款、商品等，都是一年內可變現的資產

資產的上半部是可以馬上變現的財產。以現金為首，還有應收帳款、應收票據、原物料、商品、製成品等，有些名詞聽起來陌生，但都是變現速度較快的東西。關於名詞的意義，可參考第二十三節。

另一方面，列在資產下半部的財產則變現速度慢，要等一段時間才能變現。資產的上半部稱為「流動資產」，下半部則稱為「固定資產」。

▶資產分為流動資產及固定資產

資產負債表

上半部	流動資產	流動資產 現金及約當現金 應收帳款 存貨	一年內可變為現金
下半部	固定資產	固定資產 建築物 土地 投資有價證券	

依照變現所需的時間長短，可分成上半部和下半部。

- 流動資產：可像現金一樣流動的資產。
- 固定資產：金錢被固定、綁定，難以更動或變現的資產。

如何區分流動資產與固定資產呢？區分的界線為「一年」。換句話說，**可以在一年內變現的就是流動資產，要超過一年以上才能變現的則稱為固定資產。**

因此，資產負債表的原則，是以結算日開始的一年為基準，分成上半部的流動資產與下半部的固定資產。

▶【案例】會產生不良債權的公司 1

1.「總之把營業額提高就對了！」營業額至上的公司

→認為「銷售的工作只到賣出商品」、「賣出後就不關自己的事」。

【對策】只要沒收到貨款，就不能列入營業額。

2. 營業員會感到自卑的公司

→怕麻煩不敢催帳，害怕惹客戶生氣。

【對策】建立「付了錢才算是客戶」的概念。

■有沒有收不回的應收帳款、賣不出去的存貨？

資產是「具有價值、可變現的東西」。但實際上，有些資產無法變現，像是到了原訂入帳日，卻收不回的應收帳款、應收票據等債權。

付了錢的客戶才算得上客戶。如果不良債權無法回收，則毫無價值可言。此外，季節性商品、過去曾流行的設計、個性化商品等，時間一久則必定無法賣出。

所以，賣不出去的不良存貨沒有任何價值，應該儘早處理掉不良債權或不良存貨。

▶【案例】會產生不良債權的公司 2

3. 業務員是老好人代表的公司

→輕易相信客戶說：「我馬上會付錢」，容易被騙。

【對策】將應收帳的入帳順序設定規則，並經常確認。

4. 當事人意識薄弱的公司

→認為即使沒有入帳，反正都算是公司的錢，無所謂。

【對策】如果業務負責的項目有應收帳，在人事考核時，應予以扣分。

▶找出不良資產，加以處分

資產負債表

科目	金額
流動資產	
現金及約當現金	XXX
應收票據	XXX
應收帳款	XXX
原物料	XXX
商品	XXX
製成品	XXX
在製品	XXX
預付款	XXX
墊付款	XXX
暫付款	XXX
應收款	XXX
預付費用	XXX
短期貸款	XXX
其他流動資產	XXX
固定資產	XXX
…	
…	

1. 編製不良債權一覽表

對象	金額	發生日	預定收帳日	收帳日	情況
ABC公司	500	×年五月	×年六月	×年六月	已入帳
PQR公司	300	×年五月	×年七月	×年七月	已入帳
XYZ公司	300	×年五月	×年八月		未入帳

2. 與半年前、一年前的未償還債款比較

對象	一年前	現在	差額	評論
aaa公司	1,000	100	△900	←有減少，因此還算可以
bbb公司	450	550	100	←若交易量變多，也還OK
ccc公司	200	200	0	←都沒有流動，會不會有問題？

3. 有沒有擺在倉庫裡、積滿灰塵的庫存品？要進行作業現場調查。

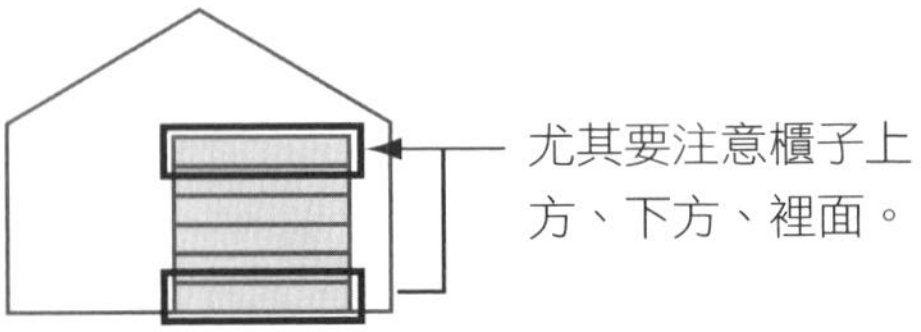

不良債權或不良存貨，百害而無一利。

20 財產明細下半部的固定資產，看出是否有閒置品？

■需要較長時間才能變現的資產，稱為固定資產

如下頁圖所示，資產負債表下半部的固定資產大致可分為三類。固定資產中哪個部分規模比較大，會因為產業的不同而有差異，但無論規模如何，都需要等待較長的時間才能變為現金。

以製造業為例，如果擁有自己的工廠、買進許多機器，有形固定資產的金額就會增加。零售店或外食產業通常都是租店營業，付給房東的保證金所佔比例就會偏高。

■豪華建築物、寬闊土地，是否變成了閒置資產？

不論是人或公司，零贅肉的窈窕體型才稱得上健康。**對公司事業毫無幫助的資產就是贅肉**（本書稱這類資產為「公司內部埋藏金」），**而且固定資產中很容易出現這類閒置資產。**

舉例來說，是否需要以公司名義持有土地呢？有人問我：「要不要拿一億元買下年租金一千萬元的土地？一億元相當於十年份的租金，我覺得很划算。」

▶固定資產有三大類

資產負債表

流動資產

固定資產

- **有形固定資產**：建築物、機器、土地、生財器具等。（肉眼看得見）
- **無形固定資產**：公司內部系統的設立費用、〇〇〇權等。（肉眼看不見）
- **其他投資**：股票（有價證券）、保證金、保險的保費（公積金）等。

固定資產要處分賣出或解約，才能夠變現。

乍聽之下，確實會覺得賺到了。但土地無法列入折舊成本，會讓資產部分膨脹，而且土地的地點條件經過十年可能會改變，在日本還要課固定資產稅。

而且，討論這個議題時，沒有討論到支付所得稅的問題。第十六節提過，日本的所得稅大約等於稅前淨利的三〇%。如果支付一千萬元的地租，稅前淨利就會減少。

相較於買進土地，支付地租要付的所得稅將減少三百萬元。

換句話說，如果租借土地，付出的費用是七百萬元。這麼一想，討論

▶真的需要持有這份固定資產嗎？

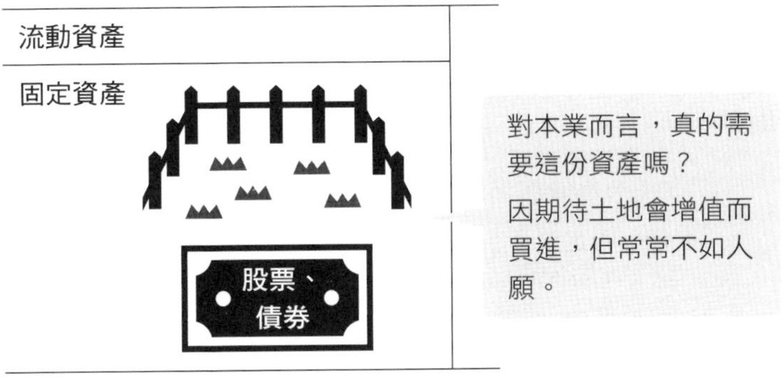
流動資產
固定資產
股票、債券
對本業而言，真的需要這份資產嗎？
因期待土地會增值而買進，但常常不如人願。

減去不必要的資產，努力瘦身。

的重點就不是十年，而會拉長為十五年（一億元÷七百萬元＝十五年）。

有價證券、貸款、下半部資產過於膨脹時

固定資產的下半部，包含投資其他資產的項目，是與本業無直接關係的部分。被視為「好像會賺錢」而買入的上市公司股票，或是投資基金、投資信託，會讓投資有價證券的項目增多。

「長期放款」是借錢給誰？這筆錢確定能回收嗎？在「投資等其他資產」的科目中，資金多半處於睡眠靜止狀態，請注意不要讓數字過於龐大。

▶土地應該用買的還是用租的就好？

前提條件	
	・該買進售價一億元的土地，或是租地就好？ ・扣掉租金的稅前淨利是一千萬元。 ・若租地，一年要付租金一千萬元。

【買地】

稅前淨利　一千萬元×三〇%＝三百萬元

（單位：百萬元）

	買地	第1年	第2年	第3年	第4年	…	第14年	第15年
a	稅前淨利	10	10	10	10	…	10	10
b	所得稅	▲3	▲3	▲3	▲3	…	▲3	▲3
c	取得土地	▲100	-	-	-	…	-	-
d（a~c 合計）	合計	▲93	7	7	7	…	7	7
d 的累計	現金收支	▲93	▲86	▲79	▲72	…	▲2	※5

※現金支出第一次比「租地」多，轉為有利。

【租地】

租金是一千萬元，稅前淨利會變成〇，
因此所得稅也是〇。

（單位：百萬元）

	租地	第1年	第2年	第3年	第4年	…	第14年	第15年
a	稅前淨利	0	0	0	0	…	0	0
b	所得稅	0	0	0	0	…	0	0
a+b	現金收支	0	0	0	0	…	0	0

1. 買土地，資產部分會變大。
2. 買土地後，即使地點條件改變，也無法馬上賣地變現。
3. 買土地，要繳固定資產稅。

盡量不買土地，用租的較有利。

21 投資人看資產負債表，得警覺借款不能超過六個月的營業收入

■他人資本：要付給銀行、供應商等其他人的錢就是負債

資產負債表右上的「他人資本」，管理原則也跟資產一樣。付款期限馬上到期的負債列於上半部，不需要馬上付錢的負債則列於下半部。

負債部份的上半部稱為「流動負債」，下半部則稱為「固定負債」，分類標準也跟資產一樣，以一年為基準。代表性的負債可分為以下三類：

1. 尚未支付的貨款：應付帳款、應付票據。
2. 作為調度資金使用的借款：短期借款（一年內還清）。

3. 投資設備時的借款：長期借款（還款期限超過一年）。

第2.項的「調度資金」是指事業運作所需的資金。事業運作的基本流程是採買進貨，然後販售、回收貨款，還要每個月支付薪水給員工。

這時候，進貨款、人事費用或經費等的付款時間，會比回收貨款的時間早。**填補這段時間差距所需的空缺資金，就是周轉資金。**

▶「負債」是要支付給別人的錢（他人資本）

	區分	內容	支付對象
負債	進貨債務	應付帳款 應付票據	供應商、承包商
	借款※ ※包含公司債	一年以內（短期） 超過一年（長期）	銀行
	其他債務	人事費、稅金等	員工、政府等

借款或公司債是需要付利息的負債，所以稱為「帶利息的負債」。

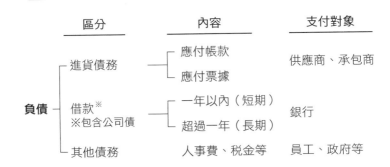

若能提前收回貨款，不需要準備周轉資金

當營業額越多，越需要準備周轉資金，但其中也有不需要調度資金的商業貿易，比方說，可先拿到房屋租金、鐘點費、訂金（或保證金）等貨款的行業，就不需要準備調度資金。

這時候要將「預收款」記錄於負債部分，請想成是「應收帳款」的相反詞，當作一種負債。

如同第十五節所述，為了資金的周轉調度，能提前收回貨款是最理想的情況。此外，「其他應付款」、

營業額越多，錢越不夠用？

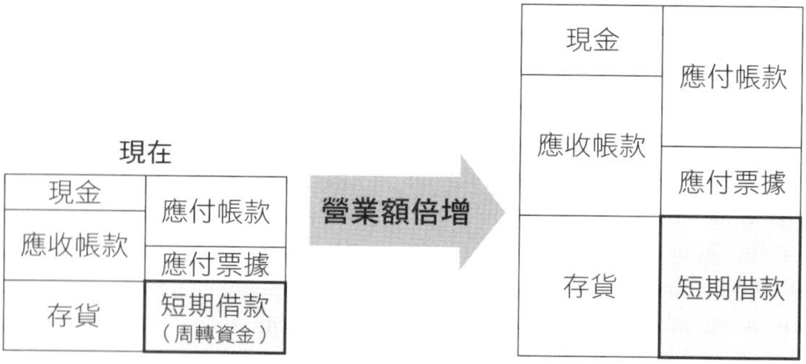

**就算營業額變多，
也不見得能輕鬆周轉資金。**

「應付費用」，是指進貨款以外的應付款，例如：接待客人用餐的餐飲費，或是採購設備等的購買資金。

「××準備金」是指「馬上就要支付的款項」，要將須支付的獎金和退休金事先備妥，並計算在內。

■ 借款額超過每月營業收入的六倍，得提高警覺

負債項目中，最重要的是「銀行借款」。**若借款額是每月交易總額（年營業額÷十二個月）的三倍以上，營運狀況已處於黃燈，若借款額是每月交易總額的六倍以上，營業狀況便呈現紅燈**。不過，需要巨額設備的重工業、精密工業，或是不動產業因為業種的關係，借款額度勢必高得嚇人。

即使借款多，只要有償債能力就沒有問題。若目前的借款能在七年內還清，就不算是大問題。

▶比較銀行借款與每月交易總額

科目	金額
流動負債	××××
短期借款	×××
應付票據	×××
應付帳款	×××
短期借款	×××
預定一年內還清的長期借款※1	×××
其他應付款	×××
暫收款	×××
預收款	×××
應付所得稅等	×××
固定負債	××××
長期借款	×××
公司債※2	×××

周轉資金（短期借款）

事業營運所需的資金。應收帳款或存貨需要一段時間才能變現，所以需要周轉資金。

設備資金（長期借款）

投資固定資產時，比方說，購買建築物或機器等會借入長期資金。

※因為固定資產無法馬上變現，需要一段時間。

<借款是每月交易總額幾倍的算式>

□÷每月交易總額（年營業額÷12個月）

3 倍：提高警覺
6 倍：危險指數
12 倍：瀕臨倒閉

※1　雖然契約載明是長期借款（借款期限一年以上），但從結算日開始計算，還款期限在一年內的借款。

※2　銀行當保證的公司債（必須還錢給銀行）。

不要誤以為「有借款就是信用的證明」。

22 自有資本包含兩部分：自己的股本與過去累積的獲利

■股本是從口袋裡拿出來的錢

自有資本是從自己口袋裡拿出來的錢，或是自己賺錢的積蓄。前者的名稱會加上「資本」，後者則會冠上「收益」。**自有資本現在稱為「淨資產」**。

「股本」是指在創立公司或是擴張公司規模時，自己、資助者、資本家從口袋裡拿出來的錢。資助者、資本家不會要你還錢，因此與他人資本不同，而自有資本也有不需要償還的意思。至於「資本公積」，可視為與股本類似。

■保留盈餘是連結資產負債表與綜合損益表的橋樑

另一方面，**「保留盈餘」是指公司成立後所賺的收益合計**。綜合損益表也有收益的科目，但是以結算日為基準，只顯示公司一年的經營成績。

綜合損益表的本期淨利會積存於資產負債表的保留盈餘。

也可以說，保留盈餘是資產負債表與綜合損益表之間的橋樑，將兩個財務報表連結在一起。

▶自有資本項目全是一些容易讓人混淆的名詞

淨資產（自有資本）
- 股本
- 資本準備金
- 資本公積
- 保留盈餘
- 法定盈餘公積
- 未實現資產重估增值

全部是不需要還的錢。

自有資本越多越棒！

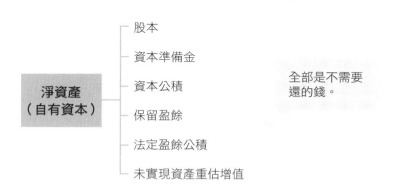

■保留盈餘是努力的累積，越多越了不起

資產負債表是過去歷史的延續，因此保留盈餘可說是創業至今累積的收益，是公司不斷努力的成果。

每年都賺錢的公司會有雄厚的保留盈餘，相反地，業績不佳的公司幾乎沒有保留盈餘。如果收益持續赤字，保留盈餘甚至會變成負數。

■「有保留盈餘就有現金」的觀念大錯特錯

有人看到「保留盈餘」四個字，便誤以為

▶M&A（收購公司）重點是自有資本

找不到繼承人，只好賣掉公司……

公司價值 ＝ 淨資產 ＋ 商譽費（營運金流的三至五年份）

決定公司價值的不是營業額，而是自有資本。

「公司有剩餘的錢！」不過，保留盈餘並非將你看到的金額全部留在公司內。

請試著以個人的情況想像。到目前為止，你賺到的薪水難道全部都以現金存下來嗎？在你購買車子、房子、衣服之後，這些錢就不見了。因此，保留盈餘會改變姿態，不會完全以現金的形式保存。請各位務必瞭解這個概念。

▶「收益」、「保留盈餘」與「現金」的關係

資產負債表

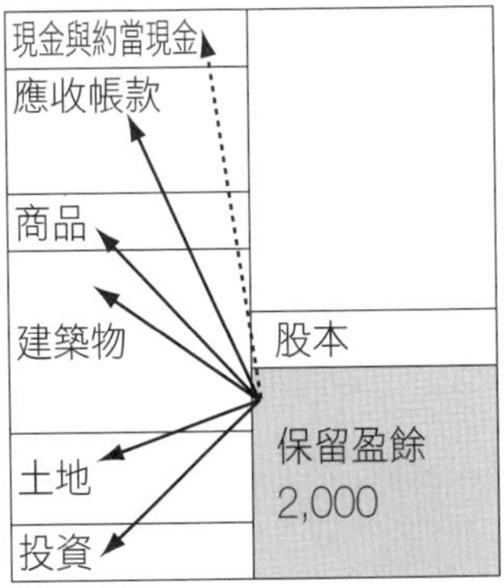

雖有「保留盈餘」，但並非公司存有等值的現金。

「保留盈餘」只是指過去所賺的金額，會轉換為存貨、固定資產、投資等各種名目。

創業時起算的淨利累積

綜合損益表（※已配息的狀況下，配息後的金額宜列在資產負債表）

科目	1 年	2 年	3 年	…	10 年
【營業收入】	1,000	1,000	1,000	…	1,000
【營業成本】	200	200	200	…	200
營業毛利	800	800	800	…	800
【營業費用】	300	300	300	…	300
營業利益	500	500	500	…	500
【營業外收入】	100	100	100	…	100
【營業外費用】	100	100	100	…	100
經常利益	500	500	500	…	500
【特別利益】	200	200	200	…	200
【特別損失】	300	300	300	…	300
稅前淨利	400	400	400	…	400
【所得稅】	200	200	200	…	200
本期淨利	200	200	200	…	200

本期淨利會轉入保留盈餘。

23 要瞄準可能成為經營絆腳石的項目，例如帳款、存貨……

■以「賒帳交易」付款，是信用的象徵

去餐廳用餐時，有時可以在店家的同意下賒帳。在與其他公司進行交易，或是將商品、服務銷售給顧客之際，有時會因為信任對方而不會馬上收款。這種交易方式稱為「賒帳交易」。

貨款通常以現金或支票入帳，在商品銷售後到收到錢的這段期間，貨款稱為「應收帳款」。相反地，在進貨後到以現金或票據付款的期間，進貨費用則稱為「應付帳款」。

■支付期限長的「票據」是在浪費時間

前面提到，賒帳交易是以現金或開票方式收款。票據就像是「○月○日支付對方××元」的證書，將××元的現金變成一張紙。

票據的特徵，是從開票日到兌現日的票期相當長。對沒有現金的公司而言，付款期限長的「應付票據」如同救星。可是，對收帳方來說，不太喜歡拿到應收票據。

如果開票六個月內，連續兩次到期日都沒辦法支付款項，這張支票會

▶從賣出商品到收回現金

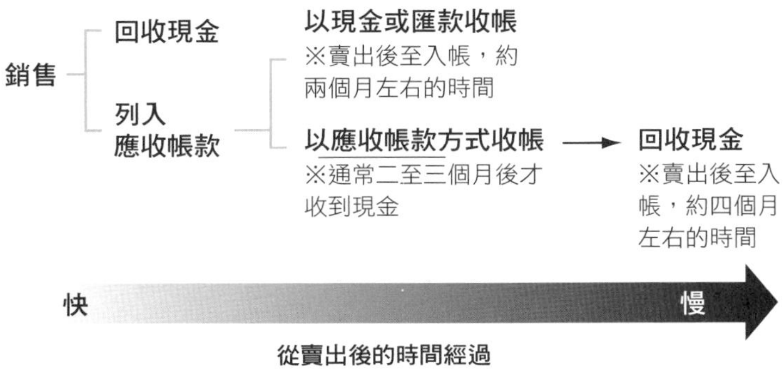

售出商品後，應盡快以現金收回帳款。

被退票，公司就面臨倒閉危機。不論應收票據或應付票據，都是可怕的東西。

■資產負債表沒有「庫存」的科目

多數的買賣交易會有庫存，可是在資產負債表中，卻找不到這個科目。

請把庫存想成是「存在倉庫裡的東西」。半製品、儲存品、附屬材料等沒聽過的名詞，全部列為庫存，在會計上統稱為「存貨」。建築業的狀

▶期票是日本獨特的結帳方法

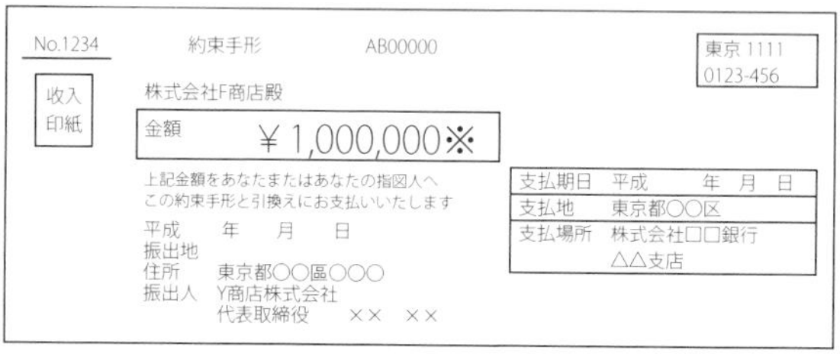

- 不需要隨身攜帶高額現金。
- 開票日至兑現的期限長。
- 付款方不需付利息。
- 連續兩次沒有兑現，銀行會拒絕往來（形同倒閉）。

努力讓應收票據和應付票據的帳目消失！

況則可參考專欄4。

■未來會產生的錢以「準備金」名目計算

關於退休金或分紅、獎金等未來會付出的錢，如果能正確預估至某種程度，則可作為「××準備金」，記載於負債。

另一方面，在資產部分，應該會有「備抵呆帳▲××」的科目。這是指應收帳款或應收票據中，可能有因為客戶倒閉而無法收回的預估金額。

▶存貨範圍相當廣泛

原物料 材料	在製品	商品	半製品	儲存品
・製作製成品所需零件 ・建造建築物所需資材	・還在製作的物品 ・還在建造的大樓	・販售給顧客的物品（進貨商品）	・成為製成品前的狀態，但仍然可以銷售的物品	・包裝材料、工具或消耗品等

這些全是被保存於倉庫裡的物品。

▶存貨、準備金的種類相當多樣

（單位：千元）

科目	金額	科目	金額
流動資產	××××	流動負債	××××
流動資產	×××	短期借款	×××
現金及約當現金	×××	應付票據	×××
應收票據	×××	應付帳款	×××
應收帳款	×××	應付款	×××
原物料 ①	×××	應付費用	×××
材料	×××	獎金準備金 ③	×××
製成品	×××		
商品	×××	固定負債	××××
在製品	×××	長期借款	×××
半製品	×××	勞工退休準備金④	×××
製成品	×××	其他固定負債	×××
儲存品	×××		
附屬材料	×××		
預付款	×××		
未收款	△×××		
備抵呆帳 ②			
		負債合計	××××

① 保存於倉庫裡的東西，全部稱為庫存，又稱為存貨。
② 應收帳款、應收票據中，可以預測無法回收的金額。
③ 下一次的獎金支付額，除以十二個月後算出的金額。
④ 未來須支付的勞工退休金，以現在計算出的金額表示。

準備金的四個條件

1. 未來的費用或損失	2. 發生原因在本期以前
3. 發生可能性高	4. 能夠合理預估金額

符合以上四個條件，就能列入準備金。

24 6步驟將資產負債表畫成「面積圖」，看清公司哪裡沒效率

接下來，介紹「以圖表而非數字來思考資產負債表」的具體步驟。請各位讀者備妥計算機、色鉛筆、畫有許多刻度的紙張。可以準備方格紙，或是用 Excel 畫好刻度表再印出來使用。

■ 步驟一　製作圖表的準備作業

首先，請準備去年或上個年度的財務報表。不是編製到一半的試算表，而是正式的財務報表。

接下來要減少位數，以三位數為基準。完全捨去或四捨五入也可以，總之先將數字的位數減少。減少位數時，減去後面三位或六位數。

如果刪除位數後，連一位也不剩，就將此項視為「〇」。

■步驟二　分組

分組沒有固定的原則，只要將類似的項目如下所示整合在一起，就能夠一目瞭然。

1. 流動資產部分

- 現金、××存款：歸類為「現金及約當現金」。
- 備抵呆帳（△）：從「應收帳款」減掉。

▶步驟一：以三位數計算已經非常足夠

（單位：千元）

科目	金額
流動資產	222,~~222,222~~
現金及約當現金	123,~~456,789~~
應收票據	11,~~111,111~~
應收帳款	888,~~888,888~~
商品	750,~~750,750~~
預付款	3,~~213,123~~
預付費用	19,~~800,000~~
墊付款	~~500,000~~
…	…

不論是以一元為單位計算，或者只計算前面三位數，結果都不會有太大的差異。

- 原物料、在製品、商品、（半）製品、儲存品：歸類為「存貨」。

  若是建築業的在建工程、不動產業銷售的不動產或在建不動產，也會列為「存貨」。

2. 固定資產部分

- 建築物、建築物附屬設備、結構體：歸類為「建築物、結構體」科目。
- 機器設備、運輸設備、生財器具：歸類為「機器、車輛、生財設備」科目。

▶步驟二：如果有累計折舊，要另外計算

依據各金額高低，按照比例分配

資產部分		調整	修正後
⋮	⋮		
有形固定資產	7,200		
建築物	1,400	▲280	1,120
建築物附屬設備	300	▲60	240
結構體	300	▲60	240
機器設備	400	▲80	320
運輸設備	50	▲10	40
生財器具	50	▲10	40
土地	5,200		
累計折舊	▲500		
⋮	⋮		

※土地不列在折舊成本科目

資產負債表中，若沒有「累計折舊」，表示各科目都已經扣除折舊成本。因此，不需要左側的調整步驟。

「累計折舊」的表示方法，各公司的做法不同。

如果有累計折舊（△），必須多加注意。這是前頁圖中資產折舊成本的合計。這時候，請依據各項固定資產金額的比例，來分配虧損（△）。雖然不精確，但能夠簡便計算。

3. 資本（淨資產）部分

- 「股本」以外的全部：合計後列為「盈餘」。

■步驟三　檢視金額大的部分

在步驟二未整合的項目當中，請檢視一下金額較大的項目。容易出現的項目如下：

- 流動資產：應收帳款、應收票據、應收款。
- 固定資產：土地、有價證券、保證金、保險公積金。

- 流動負債：應付帳款、應付票據、短期借款、應付款。
- 固定負債：長期借款、公司債、存款保證金。

就建築業而言，「應收工程款」是指應收帳款；就不動產業而言，「應收帳款」是指應收款。此外，建築業特別會注意到「預收工程款」，這是指工程尚未竣工、但委託人已付款的費用，也就是預先收到的工程款。

步驟四　整理「其他科目」，分成十個類別

在檢查金額較大的科目時，會發現一些雜項。將這些項目歸類為「其他」的科目中，依據流動資產、固定資產、流動負債、固定負債來分類，編整出屬於各類的「其他」科目。

左側的資產與右側的負債、淨資產（自有資本），各自歸納成十個以內的科目，更有利於製成圖表。

■ 步驟五　敲計算機

接下來，計算各種類的面積大小。

1. 使用計算機算出各科目對整體所佔的百分比例。

（各科目的金額）÷（資產合計額）×一〇〇＝●．●

計算的結果請以四捨五入變為整數。例如：五．三改為「五」、一〇．六改為「十一」。

▶ 步驟四：金額少的項目，統一列入「其他」

濃縮整體資產負債表　　　　（單位：千元）

科目	金額	科目	金額
現金與約當現金	1,800	應付票據	900
應收票據	1,800	應付帳款	1,800
應收帳款	4,150	短期借款	4,000
存貨	3,300	應付費用	700
其他流動資產	250	其他流動負債	1,000
建築物、結構體	1,600	長期借款	5,400
機器、車輛、公務用品	400	其他固定負債	1,200
土地	5,200		
有價證券	700	股本	200
其他投資	800	盈餘	4,800
資產合計	20,000	負債、淨資產合計	20,000

2. 如果加總各科目數字後，結果不是一〇〇，請將「其他」的科目數字加一或減一，讓整體變為一〇〇，只是「一」的差距不會造成影響。

3. 最後，試著將營業收入的額度，與資產負債表做比較。**綜合損益表的營業收入÷資產合計額×一〇〇＝●．●**

使用計算機計算的部份到此為止。

▶步驟五：用計算機計算各項目所佔的格子數

※依照前頁的重點計算

$$\frac{\text{各種類的金額}}{\text{總資產金額}} \times 100 = \square\square.\square$$

格子數目

例：現金存款 $\frac{1,800}{20,000} \times 100 = 9$

$$\frac{\text{營業收入}}{\text{總資產金額}} \times 100 = \square\square.\square$$

最左邊的棒狀圖表的大小

$$\frac{30,000}{20,000} \times 100 = 150$$

■步驟六　依照各種類上色，完成作業

接下來，輪到彩色鉛筆出場。

1. 準備畫有刻度的紙張，取其中的一百格。
2. 依據照各個分類，從上面依序將相等的格子數量著色。面積圖的結構要與資產負債表的排列方式一致，所以現金及約當現金應該在列在左上角。相鄰的科目請以不同的顏色上色。
3. 儘管已經分類為流動資產、固定資產、流動負債、固定負債、自有資本，還是要以不同的顏色上色。
4. 步驟五的營業收入以棒狀圖表示多寡。**營業收入最好選擇醒目的紅色。**

根據以上步驟，便完成面積圖。想幫助公司瘦身，第一步就是要從面積圖來檢視哪裡有贅肉，確實掌握公司帳目虛胖的部分。167頁的圖與「圖解二」的面積圖是

相同的圖表。一起來檢視哪裡有贅肉吧！

贅肉部分常會出現在應收帳（包含應收帳款或應收票據）、存貨、土地等科目。若是應收帳，要計算出是幾個月的交易總額。若是存貨，則要計算出是幾個月的營業成本。

如果應收帳款或應收票據較多，請檢視有沒有不良債權，或是確認能否改變入帳條件。

如果存貨較多，應處分不良存貨或減少物品，壓縮庫存量。借款較多的公司請參考第二十七節末的圖表頁。

比較營業額的棒狀圖表，來削減資產負債表的總資產。請試著編製過去五年或十年份的面積圖，並排成一列檢視看看。

一年份的資產負債表不會有太大的變

▶公司的哪個部分虛胖、長贅肉了？1

167 頁的公司是「貿易應收款（應收票據、應收帳款）」、「存貨」、「土地」三項目的面積偏大。

① 應收帳款、應收票據是幾個月的交易總額？
② 存貨是幾個月的營業成本？
③ 所有土地都是必須持有的嗎？有沒有閒置的土地？

這些問題都要加以討論。

化，但如果將五年份、十年份的資料並排檢視，就會發現公司體型明顯改變的趨勢。假如營業額減少，但應收帳款、應收票據或土地、投資變多，就表示有問題。

▶公司的哪個部分虛胖、長贅肉了？2

※1　不可從下方開始分格。

※2　流動資產、固定資產、流動負債、固定負債、自有資本要區分清楚。

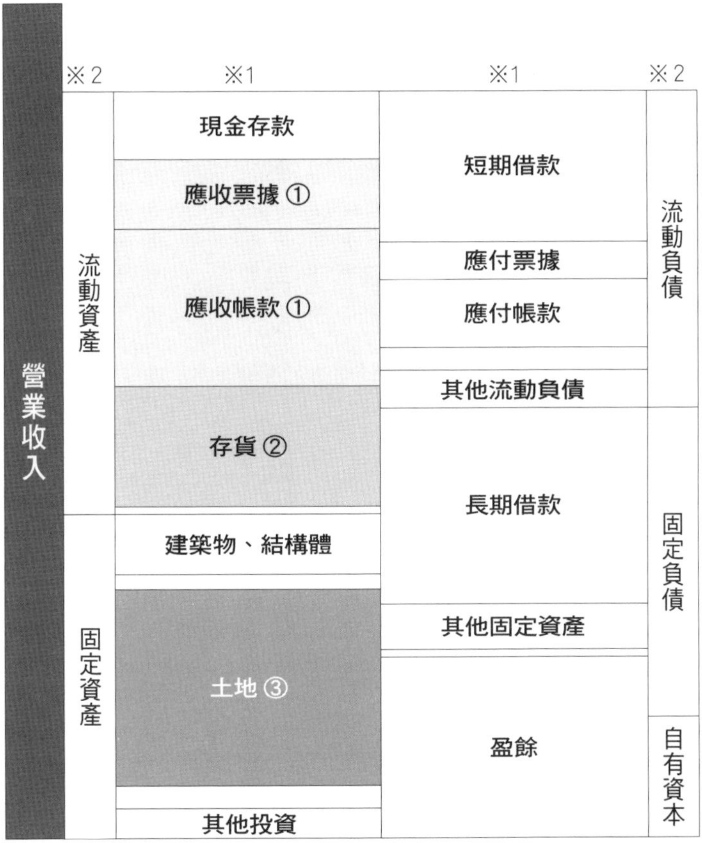

縮小總資產，打造成肌肉結實的公司。
（第二十五節末圖表頁有改善案例）

25 應收帳款、庫存與土地的真正價值，要確實計算出來

■資產負債表記載的，是交易當時的金額

資產負債表可說是公司從創業開始不斷累積下來的歷史軌跡。因此，資產負債表會列出交易時的金額。如果在泡沫經濟時期以一億元買進土地，資產負債表的記錄上會一直維持一億元。

但是，現在的土地價值是否真的是一億元呢？現在的市值恐怕不到當時交易價格的一半。換句話說，**資產負債表上無法正確看出資產市值的真實面貌**。

■人本來就愛面子

人們不論到哪裡，都相當堅持體面，經營者也不例外。

有些經營者想將公司的真實面貌隱藏起來，他們認為：「資產越多越好」、「虧損是丟臉的事」，而一味地隱藏虧損。

當市值比資產負債表的金額低時，負數差額就叫做「帳面損失」。為了隱藏帳面損失，會特別強調應收帳款或貸款等債權或存貨。

各位在看資產負債表時，如果債權或存貨的金額特別明顯，有時候必

▶土地價格的變化

東京都平均公告地價的變化

※依據東京都財務局的地價公告資料所製成的圖表

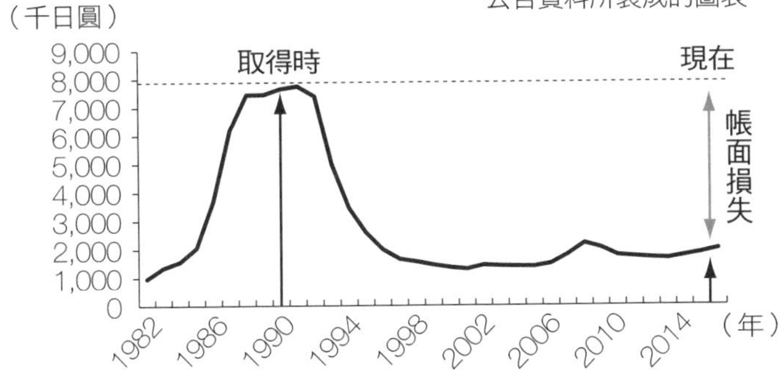

資產負債表記載的金額，是購買土地時的金額。

須懷疑：「這份資產負債表是否如實說明了公司的經營狀況？」

■應收帳款、存貨和土地的真正價值是多少？

資產負債表中記載的項目，大致會有三項與真正的市值差距較大。如同前面所述，除了土地之外，必須留意存貨、應收帳款、貸款等科目。

包含第十九節提到的不良存貨，資產負債表列出的金額，是購買時的交易金額，或是製作時所需的金額。

應收帳款、貸款也是相同情況。即使合作

▶公司的哪個部分虛胖、長贅肉了？1

① 應收帳款、應收票據：處分不良債權、提早收帳日等。
② 存貨：處分不良存貨，重新調整訂購量、交貨期、調整至適當的庫存量、重新檢視物品數量等。
③ 土地：賣掉閒置土地，換成現金。
④ 借款：用前三項方法所收回的現金來還款。

這些問題都要加以討論。

廠商的信用評比是〇元，而且應收帳款可能沒有辦法收回，記載於資產負債表的金額卻仍是交易當時的金額。

同樣的道理，就算是貸方可能不會還錢的貸款，記載於資產負債表上的依然是原本貸款金額。**帳冊與現實情況未必一致，帳面上這類根本無法回收的資產，就是標準的贅肉**。公司必須除去這塊贅肉，努力打造出肌肉結實的體型。

▶公司的哪個部分虛胖、長贅肉了？2

下圖是 167 頁的面積圖。

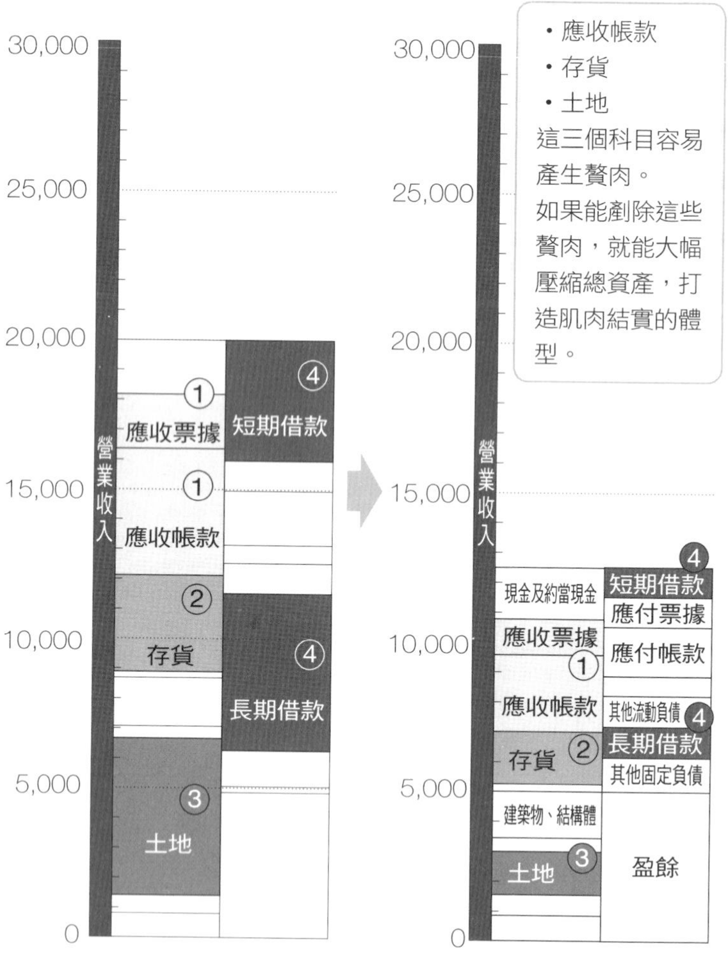

左側資產科目要盡快變現，
降低右側借款科目的額度。

專欄❹ 建築業者的財務報表，與其他行業不同

我看過各個行業的財務報表，覺得建築業最與眾不同。

建築業的合作廠商非常多，而相較於其他行業，交易習慣有點不同。與製造業不同的是，物件的建造時間（工期）長，這可能正是與其他產業有差異的重要原因之一。

舉例來說，銷售貨款（承包款）的領取方法，不論是總承包商或營造商，通常都是分成開工時、中期上樑

▶建築業的資產負債表

	資產部分	負債部分	
	現金及約當現金	應付票據	
	應收票據	應付工程款	
應收帳款☜	應收工程款	短期借款	
	原物料	應付款	
存貨（在製品）☜	在建工程	預收工程款	☞預收款
商品☜	銷售用不動產	代收款項	

建築業的資產負債表略有不同。

時、完成交屋時這三次領款。

關於領款的比例，有的公司是開工時一〇%、中期一〇%、完成交屋時八〇%，而有的公司則是每次各領取三分之一。從金流的觀點來看，當然是希望能盡快拿到多一點錢。

基於這樣的交易方式，建築業的資產負債表科目名稱也與其他產業略有不同。

比方說，在工程未完工前領到的「預收款」，在建築業的資產負債表中，是以「預收工程款」來表示。

另一方面，雖然已完工卻還沒有領到的款項，在資產負債表中，是

▶建築業的綜合損益表

科目	金額
已認列工程收入	100,000
已認列工程成本	50,000
營業毛利	50,000
營業費	

在工事作業現場產生的成本，整理為「完工工程成本報表」。
※與製成品成本表類似的報表。

建築業的綜合損益表也略有不同。

把這筆款項列為「應收工程款」來計算，相當於其他行業的「應收帳款」。未完工的工程稱為「在建工程」，已完工的工程稱為「完工工程」。

建築業工期比其他製造業長，但除了總承包商經手的大案子之外，幾乎都是工期未滿一年的工程。

這種情況下，工程所需的鋼骨等材料費、工程現場工人的人事費用、其他費用、現場產生的所有經費，全都記錄於資產負債表的「在建工程」科目。

請將這個科目，想成是進行中工

▶不動產業的資產負債表

	資產部分	負債部分
	現金及約當現金	應付票據
應收帳款 ☜	應收款	短期借款
存貨（在製品）☜	銷售用不動產	應付費用
存貨（在製品）☜	在建不動產	

不動產業的資產負債表也略微不同。

程的已付款總合。若以其他行業的角度來看，這個科目便是所謂的存貨、在製品。

最後當工程完工，也驗收完畢時，在建工程的支出金會轉列至綜合損益表的「已認列工程成本」科目，也就是所謂的營業成本。合併後列為工程款（承包價）計入「已認列工程收入」中。

另外，不動產業的資產負債表科目也有些微差異。在從事建築業的公司當中，有不少會將觸角伸進不動產業。不動產業中，有的是出租自家公司的物件以賺取租金，有的則是透過物件管理賺取手續費。

有的公司是買進土地或物件，銷售後賺取價差。這類的土地或物件會以「銷售用不動產」的名目，記錄於資產負債表，相當於其他行業的存貨。

因此，建築業或不動產業的資產負債表科目會略有不同。不過，只有這些部分不同，其他科目皆與一般行業相同。

重點整理

- ☑ 資產負債表將公司的資產與資本並列，可以掌握公司真正財務狀況。
- ☑ 資產負債表又叫做「平衡表」，因為左右一定相稱、平衡。
- ☑ 資產負債表可說是公司資產與資本的餘額一覽表，是從創業時期不斷累積而成。
- ☑ 可在一年內變現的資產就是流動資產，要超過一年才能變現的則稱為固定資產。
- ☑ 對公司事業毫無幫助的資產就是贅肉，容易出現在固定資產中。
- ☑ 如果借款額是每月營業收入的六倍以上，就該提高警覺。
- ☑ 「保留盈餘」是公司成立後所賺的收益合計，保留盈餘累積越多越了不起。
- ☑ 帳款、票據、存貨、準備金，都會成為營運金流的絆腳石。

☑ 以面積圖概念將資產負債表「圖像化」，比較每年資產負債表的圖表來削減總資產。

☑ 資產負債表記載的是交易當時的金額，無法正確知道「資產市值」的真實面貌。

編輯部整理

NOTE

/ / /

▶經營指標五花八門，但大多數都只是大樹的枝枒。想要記住算式，必須認識最基本的四個枝幹。

第5章

解讀財務報表4面向，找出賺錢的飆股

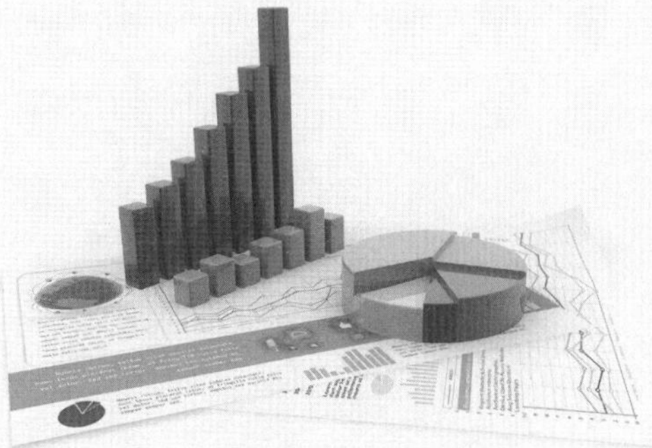

26 【收益性】公司有賺錢嗎？從經常利益看出公司實力

■想看清公司實力，要從經常利益下手

如果問你：「這家公司有賺錢嗎？」你應該檢視財務報表的哪個地方呢？**我會先從經常利益開始看起，因為經常利益會顯示「每期的穩定獲利能力」**。

有人認為：「本期淨利才是獲利指標！」不過，本期淨利會將該期偶然產生的收益或損失，也就是非常損益計算在內。想判斷公司的實力，必須將這些偶然發生的異常值去除。

■以少數資產賺進大筆收益，才是真正的獲利能力

我們在第二節提過，思考公司財務報表的數字時，不是以金額的規模來判斷，而是要看比例。有人認為：「營業收入中經常利益所佔的比例，也就是『稅前淨利率』是最重要的！」很可惜，這個答案只對了一半。

要判斷企業的獲利能力，請由「總資產報酬率（資產報酬率）」來判斷。總資產報酬率稱為「ROA」（Return On Assets），分母是總資產，分子是經常利益。ROA數值越高，表示「以少數資產有效地提升收益」。ROA是世界通用的經營指標，請將目標訂為一〇%。

■翻桌率高的店會賺錢，公司經營也是同樣道理

其實，ROA可以分解為兩項指標。

第1章 第2章 第3章 第4章 第5章 第6章

▶「穩健的獲利能力」才是實力

資產部分	金額	
營業收入	××××	
營業成本	××××	
營業毛利	××××	
營業費用	××××	
營業利益	××××	
營業外收入	××××	
營業外費用	××××	
經常利益	××××	⬅ 穩健獲利能力
非常利益	××××	特殊原因
非常損失	××××	特殊原因
稅前淨利	××××	
所得稅費用	××××	
本期淨利	××××	

ROA＝稅前淨利率×總資產周轉率。

所以我才說：「從稅前淨利率判斷公司的獲利能力，只答對一半。」但後面的「總資產周轉率」又是何方神聖呢？

請看第二十四節末的面積圖表，並且比較營業收入與資產負債表的大小。營業收入是資產負債表的幾倍，就表示總資產的周轉率。

我們也可以說：**利用資產負債表左側的總資產，創造了這麼多的營業收入。**

▶ROA 可分解為淨利率與周轉率 1

$$\text{ROA} = \frac{\text{經常利益}}{\text{總資產}}$$

稅前淨利率　　總資產周轉率

$$= \frac{\text{經常利益}}{\text{營業收入}} \times \frac{\text{營業收入}}{\text{總資產}}$$

ROA 的目標是 10%。

生意興隆的餐飲店只憑很少的桌數，便賺到大筆營收，大家會說這種店「翻桌率高」。

獲利能力強的公司也一樣，擁有高度的總資產周轉率。周轉率目標值會因行業而有差異（參考下表）。

希望各位能將稅前淨利率和周轉率，搭配在一起思考。比起稅前淨利率，周轉率更容易提高。因此，一定要重視資產負債表。

主要產業的周轉率目標

產業別	周轉數	特徵
飯店業、醫院、不動產業	1 次	必須有建築物、土地
製造業	2 次	必須具有應收帳款、存貨及生產設備
建築業	2 次	應收帳款及存貨（在建工程）多
批發業	2.5 次	應收帳款及庫存量龐大
零售業、外食產業	3 次	因現金交易，沒有應收帳款。雖然庫存少，但需要建築物的內部裝潢、保證金。
服務業	5 次	沒有特別需要的資產

ROA 可分解為淨利率與周轉率 2

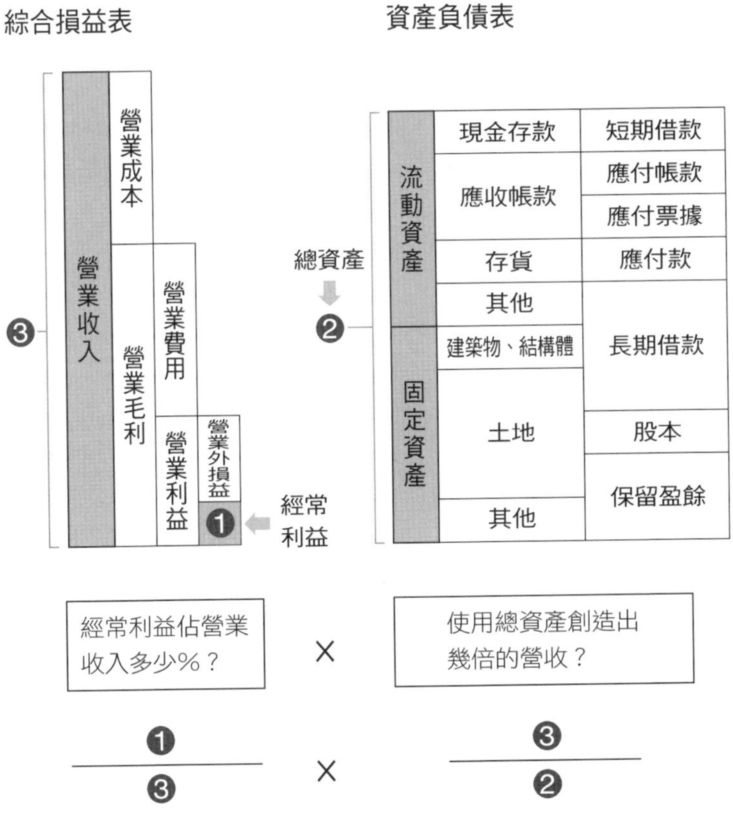

稅前淨利率
☞ 無法輕易改善

總資產周轉率
☞ 削減資產可改善

改善收益性的對策是「減少閒置資產」。

27 【安全性】公司會倒閉嗎？資本的基礎越穩，倒閉風險越低

■不論是人或公司，下半身強壯的話就不會倒

如果客戶破產，就無法收回貨款。若投資股票的公司倒閉，至今投入的資金將全部化為泡影。因此，檢視財務報表時，謹慎判斷「這家公司會不會倒閉？」是不可欠缺的重要過程。

面積圖能顯現出公司的體型。當我們審視一個人的容貌時，**容易將焦點擺在上半身，然而最重要的卻是下半身**。請留意財務報表右下部分的淨資產（自有資本），這個部分面積越大，表示公司的安全性越高。

■營運穩健的公司，是用自己的錢買進資產

自有資本佔整體總資產的比例，稱為「自有資本率」。若比例低，表示下半身不夠穩健，是風一吹就倒、搖搖欲墜的體型。

自有資本率三〇％以上才算合格，目標則應該設在五〇％以上。下半身只要夠穩固，就不容易倒下，和人體的道理一樣。

需要大規模投資的不動產業、石化、鋼鐵、半導體等重工業或精密工業、銀行等，自有資本的比例勢必相

▶下半身的自有資本根基夠穩固嗎？

總資產

資產	負債・資本
現金存款	短期借款
應收帳款	應付帳款
	應付票據
存貨	應付款
其他	長期借款
建築物、結構體	
土地	股本
	保留盈餘
其他	

比例	標準
10%	危險
20%	注意
30%	合格
40%	目標
50%	強健

自有資本率

$$\frac{\text{自有資本}}{\text{總資產（資產合計）}}$$

當低。但不論是哪種產業，如果自有資本比例僅有個位數，表示公司的狀況極不穩健，隨時會倒閉。自有資本率低的公司一定身懷鉅額借款，而借款多則倒閉風險必然相當高。

■立志成為零借款公司

零借款公司最不用怕倒閉。有的專家說：「如果沒有借款，銀行不會願意借錢給你」、「有資格借錢，才是有信用的證據」，實在是大錯特錯。我看過太多案例，最先倒閉的就是那些債台高築的公司。該怎麼做才能成為零借款的公司呢？

有一個方法是**善用面積圖，將左側資產變成現金**。如果有閒置的資產，例如：土地、股票等有價證券，可以售出它們來償還貸款。借款多、但現金及約當現金也多的公司，可以拿多餘的部分來償債。

現金及約當現金的準備額度，只需要一個月的交易總額便足夠。

▶只需小小的努力，就能讓經營指標大幅改善

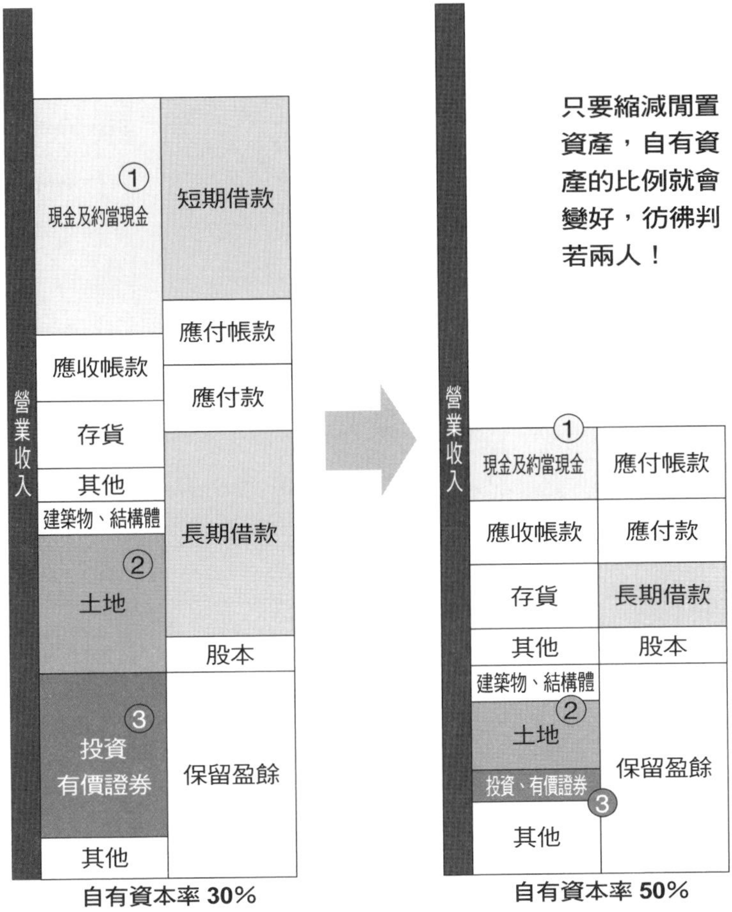

① 現金及約當現金的額度，僅保持一個月的交易總額。

② 處分或賣出閒置土地，將售款拿來償還貸款。

③ 賣出有價證券，將售款拿來償還借款。

改善營運安全性的對策，是「減少閒置資產」。

28 【融資力】公司能償債嗎？銀行最關切借出的錢能否回收

銀行最在意「是否有辦法償還借出的錢？」

幾乎每家公司都與銀行往來，也會花費許多心思與銀行建立良好關係，因為若銀行不願意借錢，就大事不妙了。

銀行是用什麼標準，來判斷是否要貸款給企業呢？很遺憾地，並不是看跟分行經理的交情。**評估作業是由電腦比較財務報表的數字，而不是由行員自行判斷**。銀行做的生意是放款、算利息、收回本金及利息，因此最在意「借出去的錢能否確實收回？」也就是借款方的償債能力。

■償債能力是指「能在幾年內還清貸款？」

該如何判斷公司的償債能力呢？答案是：「能在幾年內還清貸款？」

假設某人向你借錢，你會先想：「我幾年後才能把借出的錢全部收回來呢？」、「在還能用薪水支付開銷的期間，能回收多少錢？」等，思考這些問題後，若能符合你的收支條件，才會借出這筆錢。

公司也是如此。**公司要還錢，必須具備賺錢能力（營運現金流量）**。第十四節提到的營運現金流量，是根

▶銀行是透過電腦進行評估

銀行的評估	內容	補強
定性因素	無法用數字計算的部分 （公司文化、經營者誠信等）	檢視業績
定量因素	能以數字計算的部分 （財務報表的數字）	使用電腦自動計算

評估時在意的是財務報表的數字。

據本期淨利計算，然而銀行重視的收益項目是營業利益，因此你必須考量：

銀行用現金流量＝營業利益＋折舊成本。

用「借款餘額÷銀行用現金流量」，計算出借的錢能在幾年內還清。假如結果是**在七年內，表示具備償債能力；假如是十五年以上，就是危險信號。**

▶營運狀況是根據金流來判斷 1

債務償還能力 ＝ 借款餘額[※1] ／ 銀行用現金流量[※2]（＝營業利益＋折舊成本）

＜ 7（年） 具備償債能力

＞ 15（年） 須留意償債能力

※1：如果有銀行當保證人的公司債，也要計算在內。

※2：銀行考量的現金流量基礎是營業利益。

改善財力的對策，是擴大現金流量並降低借款。

■ 投資時以現金流量的觀點來考量

公司在擴張時，會向銀行借貸資金，來投資新的店鋪或工廠，或是其他公司。這種情況下，判斷是否值得投資的共同基準，是思考「投資後能幾年內回本？」、「投資利率是幾%？」利率是每年能夠收回的錢與投資額的比例。務必冷靜思考投資回收時間、利率及金流狀況，**切忌感情用事，要理性評估**。

▶ 營運狀況是根據金流來判斷 2

決定是否投資時，要考量兩個重點。

1. 投資回本需要多久？

科目	×1年	×2年	…	××年	××年
營業收入	×××	×××	×××	×××	×××
營業利益	×××	×××	×××	×××	×××
經常利益	×××	×××	×××	×××	×××
本期淨利	×××	×××	×××	×××	×××
現金流量	×××	×××	×××	×××	×××
投資餘額	×××	×××	×××	×××	×××

【判斷案例】無法在○年內回收投資額，就不投資等。

2. 投資利率是多少？

$$\frac{\text{現金流量}}{\text{投資額}} \times 100 = ●.●\%$$

投資後是否獲得相符的收益（報酬）？

・配息利率是 2～3%

・投資公寓是 10%

・**判斷能否投資的現金流量，是「本期淨利＋折舊成本」**

投資就是用投入的金錢來獲利，
所以判斷基準是現金流量。

29 【生產力】公司有人才嗎？觀察人事費用創造多少價值

■「高生產力」是能以少數人力獲得大筆收益

公司的費用當中，以人事費用最為龐大。**不管是哪一家公司，提高生產力是永遠的經營課題。因此，應該思考如何以最少的人力，獲得最大的收益。**

人事費用並非只有每個月發出的薪資和獎金，健保、勞保等的社會保險也是一筆高額的人事費用。此外，員工旅遊或娛樂等的員工福利金和退休金，同樣屬於人事費用。

■生產力是附加價值中人事成本所佔比例

想檢視生產力，可以將「勞動分配率」當作指標來思考。勞動分配率是**公司獲得的「附加價值」中，人事費用所佔的比例**。附加價值是指自己附加上去的價值。

假設你在超市花三百元買蔬菜，然後製作成咖哩，並以八百元的價格出售。不過，你太忙了，花一百元拜託鄰居幫你切菜。這時候，附加價值就是八〇〇元－三〇〇元－一〇〇元＝四〇〇元。

換句話說，**附加價值＝營業收入－進貨額－生產外包費**。若是零售業或服務業，營業

▶人事費用並非只有薪資和獎金

人事費　＝董事報酬＋薪資＋獎金＋社會保險※1
＋員工福利金※2**＋退休金**

※1：在日本，約為「薪資＋獎金」的 14%（健保費約 5%、勞保費約 9%）
※2：公司宿舍費用、健康檢查費、喜慶賀禮禮金、伙食補貼費用、制服費、送舊迎新會等費用

人事費用比你想像得還要多。

毛利就是附加價值。若是製造業，**附加價值＝營業收入－（原物料費＋生產外包費）**。原物料費、生產外包費會記錄於第三十三節提到的「製成品成本表」。

■IT化、系統化、機械化是關鍵字

檢視營業費用明細表（參考第三十二節），就能得知勞動分配率的人事成本是多少。如果**公司有編製製成品成本表，勞務費也屬於人事費用**。

勞動分配率會因產業不同而有差異，重點在於要與其他同業比較，並觀察自己公司過去

▶勞動分配率是檢視生產力的指標

不要只檢視營業費用明細表，
也要檢視製成品成本表。

勞動分配率 ＝ **人事費用** ／ **附加價值**（＝營業收入－進貨額－生產外包費）

※不需編製製成品成本表的公司（製造業以外的行業），附加價值＝營業毛利。

的比例變化。

在服務業等以人為主的商業活動，勞動分配率約在五〇%以下。在以設備為主的製造業，勞動分配率則是三三%以下。若是六〇%以上，就要提高警覺。

假如工作有固定程序，必須不遺漏、快速且正確地完成，導入機械或機器人會比人力更適合。而且，機器二十四小時工作也不會有怨言，更不必支付加班費。人的工作時間只有八個小時，但機器可以二十四小時不停運轉。

在未來，人事成本一定會持續增加，因此積極引進機器，**提高折舊成本來取代人事成本，是非常重要的概念。**

勞動分配率高的公司特徵

特徵	對策
正職員工人數多	增加兼職員工的比例
員工邁向高齡化	目標是把員工平均年齡降低至 35 歲以下
員工流動率太低	提高公司內部的競爭
工作效率差	推行 IT 化、系統化、標準流程（SOP）

▶降低勞動分配率

【零售業、批發業】

綜合損益表	
營業收入	1,000
營業成本	300
營業毛利	700
營業費用	600
營業利益	100
⋮	⋮

營業費用明細表	
董監事酬勞	50
薪資	180
獎金	50
社會保險	40
員工福利金	10
退休金	20
⋮	⋮

※沒有製成品成本表

$$\text{勞動分配率} = \frac{350}{1{,}000 - 300} = 50.0\%$$

【製造業】

綜合損益表	
營業收入	1,000
營業成本	400
營業毛利	600
營業費用	450
營業利益	150
⋮	⋮

營業費用明細表	
董監事酬勞	30
薪資	100
獎金	20
社會保險	20
員工福利金	10
退休金	10
⋮	⋮

製成品成本表	
原物料費	80
勞務費	150
經費	90
生產外包費	40
⋮	⋮

$$\text{勞動分配率} = \frac{190 + 150}{1{,}000 - 80 - 40} = 38.6\%$$

從人力轉型為機器、系統化

- 不需要加班費
- 不需要付社會保險
- 不會抱怨、不會組成工會
- 不會累、永遠準確工作

改善生產力的對策是「擺脫對人力的依賴」。

專欄 5 除了現金流量，另一個關注焦點是自有資本

銀行最重視「確實收回借出的錢」，也就是償債能力。除此之外，當銀行對貸款人進行信用評等時，重點是什麼呢？

請看 204 頁表格。這是第二十八節中「定量評估」的詳細內容。在此省略一一說明，除了現金流量以外，另一項重要項目為「自有資本」。

若公司的自有資本率低，則倒閉風險高。一旦貸款方倒閉，銀行就無法回收放款，是相當麻煩的事。因此，銀行在評估時，很重視自有資本。

① **不用償還的錢**

銀行檢視重點 ☞ 自有資本額、自有資本率

② **股東、投資人所出的錢**　※上市公司的情況

投資人檢視重點 ☞ ROE（股東權益報酬率）

銀行檢視自有資本的重點，和投資人並不一樣。

各位看完這份表格後，或許會對於營業額配分之低感到驚訝。我在第十二節中提過：「收益和現金流量比營業額重要。」現在各位看了這份表格，應該更能明白這句話的意思。

此外，有個跟ROA相似的名詞，稱做「ROE」（股東權益報酬率）。

最近，在報紙上常會看到「ROE」這個名詞，ROE是投資人，也就是上市公司股東重視的指標。如同本頁下表所示，ROE的分母是「自有資本」，分子是「本期淨利」。

第二十二節提到的自有資本，也包含投資人資助公司的資金，也可以說「自有資本是投資人的錢」。投資人期待，自己拿出的資金能達到高獲利、高配息的目的，因此非常重視ROE。

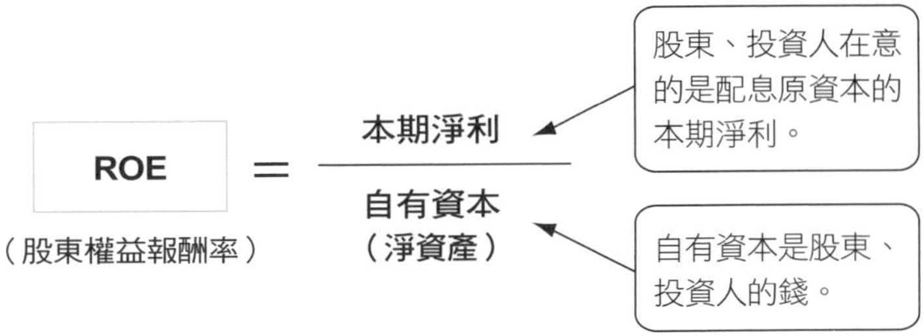
ROE
（股東權益報酬率）
=
本期淨利
自有資本
（淨資產）
股東、投資人在意的是配息原資本的本期淨利。
自有資本是股東、投資人的錢。

ROE 的目標為 8%。

▶銀行的信用評估表（評分）

經營指標	結果	得分	說明
1. 安全性評估項目			
自有資本率		10	自有資本÷總資產
槓桿比率		10	長短期借款*÷自有資本
固定資產對負債比率		7	固定資產÷（固定負債＋自有資本）
流動比率		7	流動資產÷流動負債
2. 收益性評估項目			
稅前淨利率		5	經常利益÷營業收入
總資產平均報酬率		5	經常利益÷總資產
收益流	期連續	5	
3. 成長能力評估項目			
經常利益增加率		5	經常利益增加額÷前期經常利益
自有資本增加率		15	自有資本增加額÷前期自有資本
營業收入增加率		5	營業收入增加額÷前期營業收入
4. 償債能力			
債務償還年期	年	20	長短期借款*÷（營業利益+折舊成本）
利息保障倍數		15	（營業利益＋應收配息）÷應付利息
現金流量	元	20	營業利益＋折舊成本

※包含向銀行、公司以外的地方調度的公司債。

重點在於自有資本，
以及現金流量（營業利益＋折舊成本）。

另一方面，中小企業的股東等於老闆，公司的資產等同於老闆的資產。因此，不需要看投資人臉色的中小企業，會重視總資產能賺回多少的獲利。

所以大家才會說：「中小企業看ROA，上市公司看ROE。」

重點整理

- 檢視經營數字有四個重點：收益性、安全性、融資力、生產力。
- 要判斷企業的獲利能力，請觀察「總資產報酬率（ROA）」。
- 自有資本率三〇％以上才算合格，目標應該設在五〇％以上。
- 如果借的錢可在七年內還清，表示具備償債能力；如果是十五年以上，就是危險信號。
- 提高生產力是企業永遠的經營課題，應該思考如何以最少的人力獲得最大的收益。
- 在服務業等以人為主的商業活動，勞動分配率應壓為五〇％以下，而在以設備為主的製造業則應為三三％以下。

編輯部整理

NOTE

/ / /

▶解決問題時，要先列出事情的優先處理順序。把重要性低的財務報表擺在一邊吧！

第6章

挖出地雷公司及問題，你一定要看4個細節

30 注意現金流量表中的營業活動，負數代表本業危險

■ 資金會因營業、投資、財務三個層面而流動

經營公司時，金錢的流動可分為以下三個類型：

- 銷售或採購等的「營業活動」。
- 買賣建築物、機器、股票等的「投資活動」。
- 借錢、還款、配息等的「財務活動」。

投資或財務活動會因為情況變化，而有時賺錢、有時賠錢，**只有營業活動必須**

隨時維持在獲利狀況。

營業活動的現金流量若是負數，表示本業有危險。

第1章
第2章
第3章
第4章
第5章
第6章

▶透過現金流動說明主要活動

活動類型	狀況	對策
營業活動	＋	本業賺錢（希望的狀態）
投資活動	＋	賣掉資產（固定資產、股票等）而獲利
		收回借出去的錢
	－	花錢取得資產
		出借金錢
財務活動	＋	增加借款額度
	－	償還借款
		配息給股東

若營業活動的現金流量連續兩期是負數，必須提高警覺。

▶ 現金流量表的重點

營業活動的現金流量		
稅前淨利	(a)	××××
折舊成本（＋）	(b)	××××
處分固定資產損失（＋）	(c)	××××
⋮		⋮
小計		××××
⋮		⋮
所得稅等的繳納額（△）	(d)	××××
營業活動的現金流量		××××
投資活動的現金流量		
取得有形固定資產的支出		××××
⋮		⋮
投資活動的現金流量		××××
財務活動的現金流量		
短期借款的淨增額		××××
長期借款的收入		××××
償還長期貸款的支出		××××
配息的支付額		××××
⋮		⋮
財務活動的現金流量		××××
現金及等同現金部分的期末餘額		××××

參考第 14 節

本期淨利（a）＋（b）
＋
折舊成本等（b）＋（c）
‖
營業活動現金流量

☜ **若這部分是負數，要提高警覺。**

參考第 13 節

投資活動（買進、賣出）不是營業活動

參考第 13 節

借錢、還錢或配息不是營業活動

☜ 與資產負債表的「現金及約當現金」的金額一致

多數中小企業不編製現金流量表，也表示這不是很重要的文件。

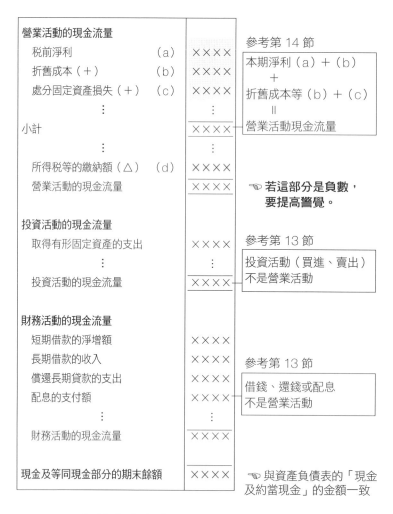

31 公司有沒有股東分紅，從股東權益變動表就可知道

■即使只有資產負債表，也能掌握淨資產的動向

權益變動表的重要性不高，因為淨資產（自有資本）的變動機會非常少。淨資產（自有資本）出現變動，大致是因為以下兩種情況：

1. 淨利確定時：保留盈餘變多。
2. 配息完成時：保留盈餘變少。

其實，只要比較去年的資產負債表，就能馬上知道淨資產（自有資本）增減了

多少。除了以上兩種情況之外，淨資產也可能出現變動，不過只要看資產負債表就夠了。

■權益變動表是淨資產動向的總整理

「權益變動表」表示淨資產（自有資本）在過去一年內，增加或減少了多少。雖然淨資產（自有資本）是資助公司的人所出資的錢，不需要償還，但相對地，編製這份報表是為了確實向資助者，也就是股東，報告自有資本的動向。

▶檢視權益變動表

項目	股東權益					淨資產合計（※）
	股本	資本公積	保留盈餘	庫藏股票	股東資本合計	
本期期初餘額	50	10	500	△30	530	530
本期變動額						
盈餘分配			②△10			
本期淨利			①50			
庫藏股票的處分						
庫藏股票的取得				③△10		
本期變動額合計	0	0	40	△10	30	30
本期期末餘額	50	10	540	△40	560	560

與前期期末的資產負債表的自有資本金額一致

與本期期末的資產負債表的自有資本金額一致

①：本期淨利與資產負債表的保留盈餘有關。

②：給股東的分紅資金來自本期淨利。本期淨利會變成資產負債表的保留盈餘，所以支付分紅後，保留盈餘呈現負值。

③：公司取得自己公司股份時，是從自有資本扣掉的。

※無論如何，只要檢視資產負債表的淨資產（自有資本）就足夠。嚴格地說，淨資產是由以下三部分所組成：

・股東權益：股東持分（如上圖）。

・未實現資產重估價值：以市值評估上市股份時，與所取得成本的差額。

・新股認購權：將來可取得該公司股分的權利。

權益變動書會產生變動的項目，
大抵是淨利與分紅金。

32 從綜合損益表的營業費用明細表，能查出不透明支出

確認綜合損益表中「營業費用」的明細表

多數情況下，「營業費用」只是綜合損益表中的一個科目，如果要確認內容，必須檢視營業費用明細表。

營業費用明細表當中的「稅捐」項目，是指所得稅以外的稅金總合項目，包含印花稅、固定資產稅、汽車牌照及燃料稅等。關於所得稅以外的項目，基本上稍微想像就會知道是什麼。

營業費用是總公司部門產生的費用，例如：營業部、管理部等，而工廠或作業現場產生的費用，則列於下一節的「製成品成本表」。

■固定資產、準備金、營業費用會附上明細表

資產負債表會顯示結算日當下的餘額。不過，如果固定資產和準備金在中途產生變動，無法從表上看出來。為了解決這個問題，便製作相關的補充明細表，以確認變動的原因。

特別是營業費用，只要看過營業費用明細表，就可以知道綜合損益表中營業費用的詳細內容。

▶利用營業費用明細表檢視總公司部門的經費

營業費用明細表

董監事酬勞	800	人事費用 第 29 節
薪資	3,800	
獎金	1,000	
退休金	300	
社會保險	600	
員工福利金	100	
…		
折舊成本	200	☜第 9 節
…		
修繕費	80	☜建築物等的維修費
…		
稅捐	100	☜與收益無關的稅金
…		
交際費	20	
業務外包費	150	
付款手續費	50	
…		
營業費用合計	**8,000**	

・法人事業稅（日本）
・事業所稅（日本）
・固定資產稅
・印花稅
・汽車牌照、燃料稅
・不動產取得稅（相當於台灣的契稅）
・專利登記稅等

※留意沒有印象的不透明支出、董事公費私用等不正常的支出。

每家公司的營業費用內容都是一致的。

33 想降低成本別亂砍，得看懂本期製成品成本表的內容

■「本期製成品成本」是製成品成本表與綜合損益表的橋樑

製造業會將生產製成品所需的成本，全部集中記錄於「製成品成本表」。製成品成本表大致是由「原物料費」、「勞務費」、「外包加工費」、「製造經費」等項目所組成。在這份報表的最下面，會出現「本期製成品成本」的項目，是指一年裡生產製成品所花費的金額。

這項成本是由前述四項費用，與原物料或在製品存貨的金額計算而來，與綜合損益表有關聯。

不是只有原物料費！作業現場的全部費用都會列出

不只原物料費，工廠或作業現場的人事費用、房租、水電瓦斯費、工廠或作業現場使用機器等的折舊成本，全都會列在製成品成本表裡。

在分析財務報表時，如果漏掉這份報表的數字，將無法做出正確判斷。包含在營業費用中的折舊成本和人事費用等科目，也會列在此表中，務必多加留意。

▶作業現場和生產的全部經費，從這裡查看

綜合損益表

	營業收入		30,000
	營業成本		
※	期初存貨	1,500	
※	商品進貨	6,000	
※	本期製成品成本	13,000	
※	合計	20,500	
※	期末存貨	2,500	18,000
※	營業毛利		12,000

製成品成本表

	科目	金額		
	【原物料費】			
※	期初存貨	500		
※	原物料進貨	2,000		
※	合計	2,500		
※	期末原物料存貨	600	1,900	①
	【勞務費】			
	租金	3,000		
	獎金	500		
	其他津貼	1,200		
	退休金	50		
	社會保險	600		
	員工福利金	150	5,500	②
	【外包加工費】		2,300	
	【生產經費】			③
	運輸費	900		
	水電瓦斯費	300		
	事務用品費	100		
	折舊成本	100		
	修繕費	450		
	租借費	1,000		
	交通費	200		
	稅捐	100		
	雜費	50	3,200	④
※	本期總生產費用		12,900	⑤（①～④合計）
※	期初在製品存貨		500	⑥
※	期末在製品存貨		400	⑦
※	本期製成品成本		13,000	⑤＋⑥－⑦

※參考第八節

「本期製成品成本」將綜合損益表與製成品成本表連結在一起。

重點整理

- ☑ 投資或財務活動會因為情況變化，而有時賺錢、有時賠錢，只有營業活動必須隨時維持獲利。
- ☑ 相較於資產負債表，權益變動表更能顯示淨資產的動向。
- ☑ 營業費用明細表會列出總公司部門產生的營業費用，像是營業部、管理部等。
- ☑ 本期製成品成本表會列出原物料費，以及作業現場的全部費用，是掌握生產成本的另一份報表。

編輯部整理

NOTE

/ / /

國家圖書館出版品預行編目(CIP)資料

希望散戶、主管都能懂財報超賺錢：50 張圖、33 個技巧，解決你對數字抓狂的難題！／福岡雄吉郎著；黃瓊仙譯. -- 臺北市：大樂文化，2018.08
面；　公分. --（Biz；64）
譯自：超解 決算書で面白いほど会社の数字がわかる本
ISBN 978-986-96596-5-9（平裝）

1. 財務報表　2. 財務分析

495.47　　107012107

BIZ 064

希望散戶、主管都能懂財報超賺錢

50 張圖、33 個技巧，解決你對數字抓狂的難題！

作　　者／福岡雄吉郎
審 訂 者／井上和弘
譯　　者／黃瓊仙
封面設計／蕭壽佳
內頁排版／顏麟驊
責任編輯／林嘉柔
主　　編／皮海屏
圖書企劃／張硯甯
發行專員／劉怡安
會計經理／陳碧蘭
發行經理／高世權、呂和儒
總編輯、總經理／蔡連壽

出 版 者／大樂文化有限公司（優渥誌）
台北市 100 衡陽路 20 號 3 樓
電話：（02）2389-8972
傳真：（02）2388-8286
詢問購書相關資訊請洽：2389-8972
郵政劃撥帳號／50211045　戶名／大樂文化有限公司

香港發行／豐達出版發行有限公司
地址：香港柴灣永泰道 70 號柴灣工業城 2 期 1805 室
電話：852-2172 6513　傳真：852-2172 4355

法律顧問／第一國際法律事務所余淑杏律師
印　　刷／韋懋實業有限公司

出版日期／2018 年 8 月 27 日
定　　價／260 元（缺頁或損毀的書，請寄回更換）
I S B N　978-986-96596-5-9